—— 科普基石丛书 ——

灭绝物种的能复活吗?

MIEJUE DE
WUZHONG NENG FUHUO MA?

《科普基石丛书》编委会　编著

四川科学技术出版社
·成都·

图书在版编目（CIP）数据

灭绝的物种能复活吗？ /《科普基石丛书》编委会
编著. -- 成都：四川科学技术出版社，2017.6（2025.1重印）
（科普基石丛书）
ISBN 978-7-5364-8649-2

Ⅰ．①灭… Ⅱ．①科… Ⅲ．①古生物学－普及读物
Ⅳ．①Q91-49

中国版本图书馆CIP数据核字(2017)第108027号

科普基石丛书 · 灭绝的物种能复活吗？

编 著 者　《科普基石丛书》编委会

出 品 人　程佳月
选题策划　程佳月　肖　伊
责任编辑　王　娇
营销策划　程东宇　李　卫
封面设计　墨创文化
责任出版　欧晓春
出版发行　四川科学技术出版社
　　　　　成都市锦江区三色路238号　邮政编码 610023
　　　　　官方微博 http://weibo.com/sckjcbs
　　　　　官方微信公众号 sckjcbs
　　　　　传真 028-86361756
成品尺寸　170mm × 240mm
印　　张　6.5
字　　数　124千
印　　刷　天津旭丰源印刷有限公司
版　　次　2018年1月第1版
印　　次　2025年1月第4次印刷
定　　价　38.00元
ISBN 978-7-5364-8649-2

目 录 contents

>>>001 | 从远古起飞 ....
CONG YUANGU QIFEI

>>>012 | 人类远祖　腔棘鱼 ....
RENLEI YUANZU QIANGJIYU

>>>017 | 始祖马的进化历程 ....
SHIZUMA DE JINHUA LICHENG

>>>028 | 巨型远古动物 ....
JUXING YUANGU DONGWU

>>>040 | 巨型动物消失之谜 ....
JUXING DONGWU XIAOSHI ZHI MI

>>>047 | 恐龙足迹世界 ....
KONGLONG ZUJI SHIJIE

>>> 056 | 暴龙"苏"成名记..............................
BAOLONG "SU" CHENGMINGJI

>>> 064 | 翼龙传奇..............................
YILONG CHUANQI

>>> 077 | 恐龙长颈之谜..............................
KONGLONG CHANGJING ZHI MI

>>> 085 | 探索恐龙灭绝之谜..............................
TANSUO KONGLONG MIEJUE ZHI MI

>>> 093 | 灭绝的物种能复活吗？..............................
MIEJUE DE WUZHONG NENG FUHUO MA?

从远古起飞

极少有这么一种动物，能带给科学界如此大的震荡，它甚至拯救了进化论；极少有这么一种动物，它能引领出如此多的假说，鸟类起源、飞行起源，等等；极少有这么一种动物，它能让这么多大名鼎鼎的古生物学者为了一根羽毛和十块石板，像一群小男孩一样争论不休："它是鸟！""它是恐龙！""它很能飞！""它飞得很笨！""它是树栖的！""它是地栖的！"……它，就是始祖鸟。

飞是生命体共同拥有的梦想。生命体从海洋爬上陆地后，仰望天际，心生羡慕，于是有了蒲公英种子的半球状冠毛，有了昆虫的翅膜，有了翼龙的单指加翼膜、始祖鸟的羽翅、小盗龙的四翼、鼯鼠的翼形皮膜、飞鱼扩张的胸鳍、蝙蝠的四指加翼膜，等等。它们异曲同工，剑锋同指天空。其中，从始祖鸟的羽翅开始，它的后继者——鸟类，迄今还占据着地球的整片天空。

自然界的"标本大师"

始祖鸟，一个再熟悉不过的名字。迄今为止，始祖鸟仍是最原始、最古老的古鸟类，也是鸟类与恐龙相互连接之锁链中极为关键的一环。始祖鸟化石全部发现于索伦霍芬周边，"索伦霍芬"这个词语在古生物界可谓赫赫有名。

始祖鸟之所以著名，是因其化石保存了精美的羽毛，这恰是索伦霍芬的独到之处，它具有把软组织保存下来的地质魔力。晚侏罗世时期的索伦霍芬地处热带，是一片被礁石包围的浅水潟湖，周围散布着泥滩平地。它的北部是如今德国中部陆地，南部则是辽阔的特提斯海。这片脱离海岸的潟湖与大海之间几乎没有交流，所以数千万年以来，湖底慢慢沉积了细腻的泥浆，湖水的盐分也日益增大，使生命难以驻足。一些动物的尸体被风暴或者溢流的海水冲到潟湖，沉到含氧量极低的湖底，又被泥浆密封，不会进一步腐朽毁坏——细腻如脂的碳酸盐基质使生物细致的构造得以保存。随后，矿物质逐渐渗入并取而代之，生物体最终成为化石。迄今为止，在索伦霍芬发现的动植物化石有四五百种之多，其中多数动物是海生游泳的，如鱼类、甲壳动物，此外还有一些生存在近岸地区的昆虫、恐龙、翼龙等。

现在的索伦霍芬位于德国巴伐利亚州，州府便是慕尼黑市。索伦霍芬镇地处古多瑙河河谷，是一个非常小的城镇，居民只有几千人，大都以采矿与工艺印刷为生。小镇的外围就是矿场，有

些老矿场已经开采了近两千年。从公元80年的罗马时代开始，人们在索伦霍芬开采石灰岩作为铺路的石料。在开采过程中偶尔会发现化石，但在当时，这些化石通常被视作史前大洪水受害者的遗骸。1798年，德国人塞菲尔德发现这些石灰岩非常平滑，能表现出最细腻的线条，可将艺术家巧手创作的纤细纹理传达无遗，于是他用这些石灰岩发明了石版印刷术。从此，这些美妙的、淡蜂蜜色的石灰岩获得珍视，而不仅仅被用来铺路。

索伦霍芬石灰岩的印刷价值正是我们要讲述的这个始祖鸟的奇妙故事里不可或缺的要素。因为印刷的需要，矿工们开始仔细地以手工开采石片（到现在仍是如此），这恰是我们能发现始祖鸟与其他许多古生物化石的原因。矿工们用凿子凿出岩石，逐一劈开检视是否有瑕疵，根据品相分门别类，依照所需规格进一步修整，制成精确的尺寸。在这整个流程中，一块成品石有时候会动用多达12位熟练的采石工。从1860年到2006年的146年间，索伦霍芬陆续发现了一枚羽毛化石和十具始祖鸟化石，每一次发现都使索伦霍芬光芒四射，它成了一个享誉全球的古生物圣地。

一根飞羽与"伦敦标本"

在大约1.55亿年前的侏罗纪晚期，现在的德国还是一片温暖浅海，突出水面的珊瑚礁将这片海域分隔成一个个孤立的潟湖。这些潟湖既不与海洋连通，也没有河流注入，于是它们的盐度逐渐上升，部分水域变得缺氧甚至有毒。除了蓝藻和微小的原生生物，其他大多数生物都不能在潟湖底部水域中生存。因此，任何落入潟湖的生物体，都会被埋入湖底松软的碳酸盐岩泥浆中，并因此而逃离了被食腐生物分解或者洋流冲散的命运。在今天的索伦霍芬，在这些碳酸盐岩泥浆形成的纹理细密的平板灰岩上，大多数化石都保存了精美的生物细节结构，甚至保存了通常情况下难以保存为化石的生物软体结构

最初重见天日的是一枚羽毛化石，属于一根飞羽，于1860年在索伦霍芬附近的采石场被发现，并由法兰克福森肯贝格自然历史博物馆的馆员梅耶在年底发表了相关的研究论文。这根羽毛长约60毫米、宽11毫米，羽干干净利落地将羽毛分隔成不对称的两个羽片，羽轴、羽枝和小羽枝都十分清楚。这个结构与现生鸟类的初级飞羽十分相似，但却是来自距今1.5亿年前的晚侏罗世地层，实在令人难以置信。由此我们可以确信，远在1.5亿年前，地球上就已经有了鸟类的踪影。

1861年初，也就是这根羽毛的研究论文发表一个多月后，梅耶又宣布在索伦霍芬附

近的朗恩艾特罕，距地表约30米深的一处矿坑中，发现了一具比较完整的化石。化石虽然头部缺失，但清楚地显示出该物种有一对长羽毛的翅膀。梅耶将化石命名为Archaeopteryx lithographica，属名意为"古翼"，种名意为"印版石"，在中国，通常意译为"石印始祖鸟"。始祖鸟保留了爬行类的许多特征，如：一条由22枚尾椎组成的长尾；前肢3块掌骨彼此分离，没有愈合成腕掌骨，指端有爪；骨骼内部还没有气窝等。但是另一方面，它已经具有羽毛，而且开始分化，这都是鸟类的特征。此外，它在一些骨骼形态上也表现出其他的一些鸟类特征或过渡特征，如它的

上图：伦敦标本复制品
右图：首度发现的始祖鸟羽毛化石及其素描

第二掌骨已经与腕骨愈合，但第二和第一掌骨则尚未愈合等，由此可见鸟类很可能是在爬行类的基础之上进化而来的。不过，这块标本并不在梅耶手中，而是为索伦霍芬一位名叫哈伯伦的医生所有。

哈伯伦医生是一位业余化石收藏家，有时会接受采石工人发现的化石来代替医药费。到1862年为止，他共计收藏化石1 703件，其中包括1件始祖鸟、23件爬行类、294件鱼类、1 119件无脊椎动物与145件植物等，这些收藏基本代表了索伦霍芬晚侏罗世的整个生态系统，令人羡慕不已。但这些化石并不是哈伯伦的最爱，他的女儿才是他的珍宝。为了给女儿筹办丰厚的嫁妆，哈伯伦决定拍卖化石。消息一传出，欧洲各大博物馆竞相出价。为了抬升化石的价格，哈伯伦不允许任何人给始祖鸟化石绘图或者拍照，意在营造神秘气氛。不过这些噱头引起了议论，有人说化石是伪造的，毕竟一个混合了爬行类与鸟类特征的动物确实令人匪夷所思。迫于形势，哈伯伦选定了几位德国学者来检视化石以辨真伪。

然而，当时德国的科学家并不见得都接纳进化论，这件极为重要的化石并未受到重视。特别是慕尼黑大学的动物学权威，巴伐利亚州古生物采集中心的化石保管主任瓦格纳教授，此人就根本不相信爬行类与鸟类之间存在过渡类型。尽管一些德国古生物学家做了种种努力，期望将这批化石留在德国，他们甚至写信给刚登基的普鲁士国王威廉一世，要求由王室购下，以防国宝流入英国，但为时已晚，大英自然历史博物馆（即现在的伦敦自然历史博物馆）已经与哈伯伦达成了初步的协议。

当时大英自然历史博物馆自然历史部的总监是欧文，此人妒忌心重，刚愎自用，无论遇到什么议题，不管自己懂不懂，总要横加评论，在科学界没什么朋友。据说他还是达尔文唯一讨厌的人，当然他也是达尔文进化论的主要反对者。正是这个欧文，把始祖鸟化石视为一大威胁，决心不惜代价将它买来控制在自己手中，由他本人来做鉴定。他很快派人与哈伯伦联系化石购买事宜，最后以700英镑成交。当时英国小康之家的年收入为150～200英镑，一位普通女佣的年薪只有9～14英镑，700英镑是一个不小的数字。

1862年10月1日，始祖鸟化石抵达大英自然史博物馆，以后便一直留在那里，被称为"伦敦标本"。标本被欧文拿去研究，并于1863年在《哲学会刊》发表论文，他坚持给标本另起一个名字，叫"长足始祖鸟"。他称这件标本是"一只货真价实的鸟"，拥有"与一般脊椎动物紧密关联"的特征。伦敦标本并没有保存头部，欧文根据它长有羽毛而做出了"其梳理整饰羽毛的嘴喙必定无齿也无唇"的结论。不过，英国著名博物学家赫胥黎随后也对标本进行了研究，并于1868年发表论文《论石印始祖鸟》。赫胥黎在文中指出，欧文的论文错漏百出，不仅将脊柱方向和左右腿位置鉴别错，将腰带的左侧误认为右侧，甚至把叉骨这根极为重要的骨头的方向也弄错了。由此可见，即使大自然将信息传达给了我们，学者的科学素养往往也会对科学发展造成重大影响，有时候甚至是负面影响。

完美的"柏林标本"

科学的发现往往是具有重复性的。到了1877年，始祖鸟的第二件标本浮出水面，一下子就证明了赫胥黎对伦敦标本嘴喙的假设——始祖鸟的嘴里确实有牙齿。这件化石在索伦霍芬小镇附近的杜尔采石场被工人发现，随后落入矿产经理手中，几周后又以140马克的价格卖给时任税务官的恩斯特·哈伯伦，此人便是那位重金嫁女的哈伯伦医生的儿子。恩斯特最初以为这是一件恐龙或者翼龙标本，但当他剥离掉表层的围岩后，清晰可辨的羽毛让他欣喜若狂，真不敢相信幸运女神如此眷顾他的家族。恩斯特同样希望借此发一笔小财，于是便发出消息说要出售这件标本，还在当年5月的《胜利者》杂志上发表了一篇通讯造势。这件始祖鸟化石近乎完美，即使在今天也是十件标本中最漂亮的，它足以解决很多科学争议。一时间里，这件标本将花落谁家，成为当时大众关注的焦点。

第一个出价的人是美国耶鲁大学皮博迪博物馆的马什，他向恩斯特报出了1 000马克的价格。恩斯特认为闹得沸沸扬扬的还赚不到原收购价的10倍，拒绝了这个价格。在大家对这件标本保持高度关注的同时，也有传言称化石是伪造的，仅仅是恩斯特骗钱的把戏。德国哈雷市的一家报纸还刊登了关于这件标本系伪造的一篇论文。1879年3月7日，恩斯特向马什提出了10 000美金的报价，相当于今天的数百万美金。这个价格也没有成交。

侏罗纪晚期始祖鸟生活复原图

迄今为止保存得最完整的"柏林标本"

当时在德国，一些古生物学者还在为伦敦标本被卖到英国而痛心不已，国内几家博物馆也开始游说恩斯特，于是恩斯特为国内同胞特地将价格降到36 000马克。即使这样，价格依然太贵，普鲁士文化事务司这个清水衙门很难拿出这笔巨款，博物馆在没有捐助的情况下也并不阔绰。进一步磋商后，恩斯特把价格再降至26 000马克，这个价格包括始祖鸟和其他一批索伦霍芬化石，柏林洪堡大学自然历史博物馆决定买下，但一时也拿不出这笔钱。此时，听到这个消息的西门子前来救场。西门子是德国著名发明家、企业家、西门子公司创始人，当他了解到这件标本的重大科学意义之后，最终以20 000马克的价格将化石购得，并交给柏林洪堡大学自然历史博物馆保管，被称为"柏林标本"。

1884年，博物馆学者丹姆斯对柏林标本进行了研究。在对比了伦敦标本后，他认为这两件标本属于同属同种。但到1894年，他又推翻了自己的结论，认为两件标本有很大的不同。他将柏林标本命名为新种"西门氏始祖鸟"，这样既能确立新种，又能向西门子先生表示感谢。不过，现代古生物学界的主流观点认为，柏林标本就是石印始祖鸟。

从远古起飞的传奇

2004年，《自然》杂志刊登了西班牙城市大学的阿罗索与伦敦自然历史博物馆的缪纳等人的一篇论文。他们研究了伦敦标本的大脑与感官系统后做出结论：始祖鸟具有与鸟类基本相同的头脑，适合指挥与控制飞行动作。阿罗索采用电脑断层和X射线扫描伦敦标本的头部，获得了1 000多张不同角度的图像，以此重建了始祖鸟的大脑与内耳构造。这个构造显示，始祖鸟的大脑与现代鸟类的大脑非常相似，具有良好的视野、平衡和控制行动的能力。它的大脑的容量为1.6毫升，比同尺寸的爬行动物的大脑大3倍。其扩大的前脑表明，始祖鸟进化出了一种飞行所需的先进的"体觉整合"系统。其内耳的结构也和鸟类相似，适用于平衡控制。从神经学的角度来说，始祖鸟更接近鸟类而不是爬行动物。但从身体比例上看，始祖鸟还进化得不够完善，其脑比与其等重的现代鸟类的脑部要大1/3～5倍。这项研究让我们知道，始祖鸟比我们想象的更接近鸟类，虽然它还没有完全具备现代鸟类的骨架特征，但其大脑已经完全进化出适合飞翔的构造。

2005年，对柏林标本的研究也有了新成果。这次是由著名古鸟类学家、美国堪萨斯大学生态学与进化生物学系的马丁和韩国汉城大学地球环境科学系的林钟岛联合在印度《当代科学》上发表了论文。马丁在最初观察柏林标本时，注意到标本前肢周围有一些自然形成的压痕，在压痕处能观察到各式羽毛的羽柄延伸至此，且压痕处还左右连接着骨骼，这表明这个构造是在环绕骨骼的相关软组织腐烂和缺失之前保存而成的。

我们知道，始祖鸟由于前肢变为翼，所以前肢骨的变化很大，尤以末端部分为甚，由基部向末端依次为：肱骨、前臂骨（桡骨、尺骨）和手骨（腕

赫胥黎

欧文

西门子

骨、掌骨、指骨）。值得一提的是，始祖鸟的三块掌骨彼此分离，未愈合成现生鸟类常见的腕掌骨，其外端仍有三个发育的游离指爪。丹麦古生物学家海尔曼1927年在伦敦出版的《鸟类起源》这本对后世有着巨大影响的经典著作中，曾经假设始祖鸟的前肢上应该有一个用来固定初级飞羽的类似翼膜的构造，但是长久以来人们并没有发现过。现在，这个有趣的压痕给这个假设提供了实证。

根据这个压痕，马丁认为，始祖鸟发育着一张从手骨第二指开始，沿着翼缘一直延伸到前臂骨的后翅翼。所谓翅翼是指鸟翼和躯干间的一种可伸展开的皮肤褶。后翅翼的发现，不仅证实了海尔曼的假设，并且可能改变了一个观念：长久以来，人们一直认为始祖鸟的第二指与第三指是分开的，这可以在以往的复原图上面看到。但从这个后翅翼的整体构造来看，马丁认为，始祖鸟的第二指和第三指已经像现代鸟一样连

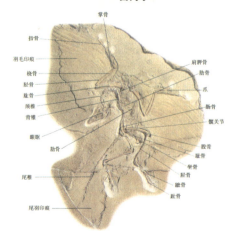

柏林标本结构详解

古生物学家根据化石对始祖鸟翅膀进行两次复原绘图

着发育，并附着初级飞羽，这或许还能解释为什么所有始祖鸟标本的前肢第三指总是穿过第二指。除了后翅翼，在该始祖鸟标本的右翼还能清楚观察到前翅翼。这个前翅翼连接着肱骨与前臂骨，该构造常常出现在鸟类化石的翼折叠处。在迄今发现的所有始祖鸟化石中，只有这件标本保存着可折叠翼，这一发现意义重大。综合后翅翼和前翅翼的构造，马丁认为，始祖鸟前肢上的软组织与现生鸟类几乎一样，其本质结构是相当进步的。这就推翻了以前部分古生物学家认为始祖鸟可以用前肢捕猎的观点，因为它的手骨缺乏有效的握力，不能用于捕抓猎物。

2006年9月，加拿大卡尔加里大学的朗瑞提出了关于始祖鸟翅膀的新观点，发表于《古生物学》杂志上。朗瑞认为，始祖鸟的后肢长有羽毛，可能用于飞行，类似于中国辽西的小盗龙。那么，这对多余的翅膀会对始祖鸟的飞行造成何种影响呢？朗瑞通过数学模型得

知，后肢上的羽毛可以让始祖鸟飞得更慢，并且可以更好地进行转弯。慢速飞行意味着始祖鸟有更多的时间躲开障碍物，安全降落，而急转弯可以改善始祖鸟抓获猎物、逃脱追捕者、更灵活地穿越树丛的能力。朗瑞还推测，始祖鸟的后肢羽毛除了促进飞行之外还具有其他重要作用，就如同现代鸽子、三趾鸥和兀鹫一样，始祖鸟的后肢羽毛具有空气制动装置或水平尾翼的作用，它能够控制飞行平衡。不过，朗瑞的观点目前还未被多数人所接受。

极少有这么一种动物，能带给科学界如此大的震荡，它甚至拯救了进化论；极少有这么一种动物，它能引领出如此多的假说，鸟类起源、飞行起源，等等；极少有这么一种动物，它能让这么多大名鼎鼎的古生物学者为了一根羽毛和十块石板，像一群小男孩一样争论不休："它是鸟！""它是恐龙！""它很能飞！""它飞得很笨！""它是树栖的！""它是地栖的！"……它，就是始祖鸟。最棒的是，它处在亦龙亦鸟之间，让世人为之疯狂不已。可以肯定，将来还会有新的始祖鸟化石被发现，届时这个已经传奇到了极致的故事将被古生物学者充满激情地继续谱写下去。

始祖鸟生活在1.5亿年前的晚侏罗纪，那时候的欧洲地区是一片接近赤道的群岛。始祖鸟的体形与现代中型鸟类——如喜鹊的大小差不多，体长可达到0.5米，它们长着宽阔的翅膀和长长的尾巴，羽毛的结构与现代鸟类的羽毛结构相似。始祖鸟具有不少鸟类的特征，

始祖鸟柏林标本复原像

例如叉骨、羽毛、翅膀以及部分相反的首趾；它们还同时具有兽角亚目恐龙的特征，颚骨上有锋利的牙齿可以用来捕猎昆虫及其他细小的无脊椎生物，还有长长的距骨升突、齿间板、坐骨突和人字形的长尾巴，它的脚有三趾长爪，与恐龙极为相似。所以，始祖鸟被认为是恐龙与鸟类之间的联结：可能是第一种由陆地生物转变成鸟类的生物。在20世纪70年代，约翰·奥斯特伦姆指出鸟类是由兽脚亚目恐龙演化而来，而始祖鸟就是当中最重要的证据。

中文名：始祖鸟

拉丁文名：Archaeopteryx

释义：古代的翅膀、古翼鸟

生存年代：侏罗纪晚期

体形特征：身长0.5米，如现代喜鹊大小

食性：肉食

化石产地：德国索伦霍芬

如今，一共发现了有10件始祖鸟化石，其中包括10件身体化石和一件羽毛化石，所有化石都来自德国索伦霍芬石灰岩矿床，而且都属于一个确认的种，就是石印始祖鸟。其中有保存较为完整的伦敦标本、哈勒姆标本、柏林标本、瑟马普利斯标本；还有较不完整的马克斯柏格标本、爱希施泰特标本、索伦霍芬标本、慕尼黑标本和市长穆乐标本。

（邢立达）

爱希施泰特标本：于1951年或1955年于德国沃克斯卓附近被发现，并于1974年由彼得·沃尔赫费尔所发表。这个标本现存放于爱希施泰特的博物馆。它是最细小的标本，而头部的完整性排在第二位

慕尼黑标本：于1991年在朗恩艾特罕附近被发现，并于1993年由沃尔赫费尔所发表。它现存放于慕尼黑的慕尼黑古生物博物馆。这个标本中原先被认为是胸骨的东西，后来却被发现是鸟的喙骨部分，但胸骨亦可能存在

人类远祖　腔棘鱼

20世纪最重要的动物学发现之一是发现了腔棘鱼，我们得以一瞥人类鱼祖先的尊容。

Weibchen, 170 cm lang, 60 kg schwer,
alimani (Hambon, Comoren) aus 250 m Tiefe.
der Langleine dienten Schlangenmakrelen.

无意间被人捕捞到的怪鱼，实际上却是真正的活"恐龙"

1938年12月，一艘拖捞船在沿着南非浅海水域进行捕捞作业时网住了一条怪模怪样的鱼，由于个头硕大，外表奇特，立即引起了渔民们的注意，他们纷纷围拢来观看。这条鱼非常大，有两米左右，而且面相狰狞，渔民们以前从未见过如此模样的怪鱼。他们更不知道他们无意间网住的这条鱼有多么重要：它是真正的活"恐龙"。

回港后，渔民们将这条怪鱼送给了东伦敦博物馆。这条鱼在送到博物馆时已死了很长时间。博物馆馆长考特尼·拉蒂默小姐面临一个非常棘手的问题：现有的储藏装备无法保存这样一个大型动物标本。于是，她给南非著名鱼类学家史密斯写了一封信，让他尽快过来看看这条怪鱼。可是，在史密斯博士到达之前，这条鱼已腐烂得臭不可闻，拉蒂默小姐不得已剥下了鱼皮，把鱼身扔掉，将头骨和鱼皮保存起来制成标本。

当史密斯博士赶来看到鱼皮标本后，他立即意识到呈现在他面前的是21世纪最伟大的动物学发现：这是一种被认为早在6 000万年前就已灭绝的鱼类，属于一个非常古老的鱼类亚纲，是所有两栖类、爬行类、鸟类和哺乳类动物的直接祖先。

在许多人的眼中，鱼都一样，没什么特别之处，因此这次不同寻常的发现并没有引起公众的特别注意。但是，在生物学家眼里，这个新发现却具有划时代意义：这是一条活着的腔棘鱼，在此之前，人们一直认为它们像恐龙一样早已灭绝了，没想到它们却幸存了下来。

它是爬行类、鸟类和哺乳动物，包括我们人类在内的共同祖先

腔棘鱼是一种什么鱼呢？这是一种与普通多骨鱼以及我们所熟知的鲨鱼完全不同的鱼。它属于一个单独的类群——总鳍鱼亚纲，也被称作肢状鳍鱼。简言之，总鳍鱼类长得与众不同，前额凸起，有两个背鳍（鱼大多只有一个背鳍），一对肢状鳍，里面的骨骼结构显示出与陆生脊椎动物的腿和脚拥有相同结构位置和关系的

发现腔棘鱼是20世纪最伟大的动物学发现之一。这是一种一直被认为早在6 000万年前就已灭绝的鱼类，是所有两栖类、爬行类、鸟类和哺乳类动物的直接祖先

特征，与普通鱼的鱼鳍结构存在很大差异。腔棘鱼还有一个很特别的地方，就是尾巴生有一个长轴，或者说，其脊椎骨一直延伸至尾尖处。腔棘鱼的鳃盖退化，鳞片又大又厚，表面有很多皱纹，覆盖了一层珐琅质。

总鳍鱼类不但能呼吸空气，而且还能将鳍当作脚来走路，这是鱼类向两栖类进化的重要证据。在距今3亿年前的泥盆纪时期，腔棘鱼的祖先凭借强壮的鳍爬上了陆地。经过一段时间的挣扎，其中一支越来越适应陆地生活，最终进化成为真正的四足动物；而另一支在陆地上屡受挫折，不得不重新返回大海，并在海洋中寻找到一个安静的角落，与陆地彻底告别了。

遗憾的是，被渔民们捕捉到的那条鱼的鱼身部分没有被保存下来，因此有

腔棘鱼化石

根据化石绘制的腔棘鱼复原图

关腔棘鱼的内部构造，尤其是类似肺的气鳔还有很多未解之谜需要破解。对气鳔（在腔棘鱼化石上，发现了一个钙化或部分硬化的气鳔）的各种猜测，直到第二条腔棘鱼被捕获后才水落石出。

发现腔棘鱼活体推翻了所有人为的猜测。过去人们认为，腔棘鱼在中生代就灭绝了，那时恐龙还统治着陆地。然而，即使这样，它们的生存时间也远远超过了恐龙，因为腔棘鱼的祖先可以追溯到3亿年前的泥盆纪时期，那时恐龙还未出现，不仅恐龙，任何陆生脊椎动物都还未出世。泥盆纪总鳍鱼类的肢状鳍是后来脊椎动物四肢的雏形，它不仅是其现存几乎未发生任何变化的后裔——腔棘鱼的直接祖先，而且也是第一个勇敢走出水域登上陆地，开始一种全新生活的两栖动物的直接祖先。同时它们还是爬行类、鸟类和哺乳动物，包括我们人类在内的祖先。通过观察现存腔棘鱼，我们可以看到3亿年前远古总鳍鱼类的大致模样，由此也可以获得我们人类鱼祖先的大体形象。

在活体腔棘鱼被发现之前，所有腔棘鱼以及所有远古总鳍鱼类都是通过化石得以确认的。科学家对这种鱼的复原图像也是根据6 000万年前保存在岩石中的化石遗迹绘制出来的。现在一条"活化石"鱼游进了科学家们的视野，他们可以通过研究它来对比此前他们对这种鱼的复原准确率。令科学家们非常高兴的是，他们看到的这条鱼与他们此前的想象非常相

符。也就是说，根据化石做出的复原图像现在被证明是正确的。尤其是对两种化石腔棘鱼Macropoma和Undina进行的复原重构，可以看出它们与现代腔棘鱼是多么相似，是现存腔棘鱼的近亲。

现在让我们再回到这个发现腔棘鱼的故事中。当史密斯博士看到眼前这个伟大发现后，他立即写了一封信寄往伦敦。然而，那里的科学家们并未给予足够的重视，因为有些古板的科学家们有时就是怀疑主义者，尤其是当他们面对这样一个足以震惊全世界的东西时。之后，史密斯博士对这条鱼进行了简单描述，并给它起了一个新名字Latimeria chalumnae（以纪念第一个发现这是一个新物种的拉蒂默小姐），然后他将描述文字连同这条鱼的图片一同寄往伦敦。事情终于发生了转折。

科学家们召开了一次碰头会议，参加会议的有许多世界闻名的鱼类专家，在仔细研究了图片和描述文字后，科学家们最终确认这就是他们梦寐以求的腔棘鱼。对这条鱼的描述文章被公布于世，很快引起了全世界的轰动，从纽约到新西兰，从教室到实验室，人们都在讨论、研究这条鱼。

"难道捕到的那条腔棘鱼是最后一条吗？"

史密斯教授一直期望能看到一条活的腔棘鱼，但他的寻觅之路并不平坦。不久，第二次世界大战爆发，他的考察活动被迫搁浅。但是，战争并没有动摇史密斯教授的决心，一等战争结束，他又重新投入到寻找腔棘鱼的漫漫征途中。然而，很长一段时间他都一无所获。"难道捕到的那条腔棘鱼是最后一条吗？"他的头脑中一直存在着这样的疑问。

就在史密斯博士几近绝望时，1952年12月的一天，一封来自远方的电报带着好消息送到了他的面前："我们捕到了像是腔棘鱼的鱼，盼望您的到来。"电报是科摩罗群岛的渔民发来的。惊喜万分的史密斯博士赶忙向南非政府求助，最后乘坐军用飞机直奔科摩罗群岛。千真万确，这就是史密斯博士梦寐以求的腔棘鱼。这条鱼身长1.5米、体重58千克，这条"活化石"鱼已被注射了福尔马林，然后又用盐腌了起来，正在等待着教授的到来。自此以后，一直到1955年7月，在科摩罗群岛近海150～270米的深海处共捕捉到15条活的腔棘鱼。直到这时，史密斯教授才解除

1952年12月在科摩罗群岛发现的腔棘鱼，它身长1.5米、体重58千克

了先前的担忧。

　　发现活动并没有就此止步。1997年，在印尼的苏拉威西岛（西里伯斯岛）发现了腔棘鱼的另一个近缘种。2007年5月16日，在坦桑尼亚东北部桑给巴尔岛的沿海附近，渔民们捕获了一条腔棘鱼，这条腔棘鱼在一家濒海餐馆的鱼池内存活了17个小时。法国、日本和印尼科学家解剖了这条腔棘鱼，接下来还打算对它进行基因分析。

　　后来，德国科学家又一次在科摩罗群岛附近的西印度洋水深115～182米处拍摄到6条腔棘鱼照片。1.5米左右长的腔棘鱼时而倒立，时而仰游，时而倒游，还做出其他一些不同寻常的动作。乍一看，它们全身的鳍都在乱糟糟地摆动，好像在跳"迪斯科"，仔细观察才发现，它们的每个动作都配合默契，犹如骏马奔腾时四蹄高度协调一样。

（杨　林）

不久前，科学家在西印度洋拍摄到了活着的腔棘鱼

始祖马的进化历程

马在人类文明发展中发挥了独特的作用。它是怎样改变人类历史的？

　　大约5 000万年前，在北美洲的森林里，生活着一种身高不到60厘米、性情羞怯的素食奇蹄哺乳动物。它就是马的祖先——"始祖马"。到了150万年前，始祖马就已经演化成我们今天所知的马的模样了。大约90万年前，从北美洲到欧、亚、非三大洲的草地上都分布着马。它们最终与人类相遇，并与人类建立了亲密的关系。这方面的证据，在全球各地的考古记录中都有发现。现在，我们就来讲一讲马的故事。

驯服野马

人类与马相遇的最早证据，见于欧亚大陆的旧石器时代遗址。有明显屠宰迹象的马骨，表明早期人类把马作为一种重要的食物来源。但作为一种敏捷、骁勇的动物，马也以其他动物所不能匹敌的方式点燃了人类的想象力。在旧石器时代的洞穴画中不乏对马的刻画，马的形象在这些画中出现的频率高于任何其他动物。

在新世界（指美洲）——马的发源地，马在大约9 000年前的上一次冰河期灭绝。气候变迁和可能的过度捕杀（当时人类与马共享栖居环境），有可能都在马的灭绝中发挥了作用。而在旧世界（指欧、亚、非三大洲）的大部分地区，随着森林取代大草原，马的栖居地面积大大萎缩，马也销声匿迹。但在今天乌克兰、俄罗斯和哈萨克斯坦所在地的大草原上，现代马开始大量繁殖。在公元前5000年之后的某个时期，该地区对驯化牛和羊已经很熟悉的人们可能迈出了驯化马的第一步。由于家马群中融入了母野马，所以以线粒体DNA呈现地区性差异。驯化的另一个特点是马的皮毛颜色的变化增多。对马来说，这一增加在公元前5000—前3000年最明显。

尽管马的力气很大，脾气暴躁，但相比于其他已经被驯化的动物，马却有一个重要优势：在整个严酷的冬季，马比牛或羊都不容易挨饿，这是因为马很适应冬季的大草原，能用蹄子踏破冰雪去吃冬草。有间接证据（例如刻画马和牛在一起的骨雕）显示大草原上的人们利用马的这一优势，开始饲养马群以获得冬季的肉食。

也有证据表明，在驯化马之后，人类很快就开始骑马。科学家检测了来自于哈萨克斯坦、年代被测定在公元

法国肖韦洞中的壁画马（年代为大约3万年前）

前3500年左右的马牙，发现上面的磨痕与绳索或皮革制马嚼子的磨痕匹配。有科学家推测，第一个爬上马背的人可能是青少年或儿童。当时，某个孩子可能出于好奇或恶作剧而爬上马背，其他人则都很吃惊地看着他。然而，骑马的优点可能立刻就变得很明显。它不仅让管理牲畜变得容易得多，而且让大群放牧变得可行。骑马让货物和理念传播得更远，当然也让人能去到更远的地方。至于"更远"的程度，无疑是前所未有的。经过驯化的马改变了人类的物质生活，也造成了人类文化的一种微妙却又本质的变化：对于能够骑马奔走的人们来说，世界豁然开朗；他们的距离感和生命可能由此发生着翻天覆地的改变。

马与神话（一）

在传统印欧语系的一些古老神话中，有超自然马或神马的存在。在古印度梵文（甚至可能在任何印欧语系语言，其中包括欧洲、南亚、西亚和中亚部分地区的主要语言）中最古老的文本是《吠陀经典》，它是写于公元前2000年晚期铜器时代某个时期的圣歌集，其中包括超过1 000篇献给神灵的祷文和诗歌。当《吠陀经典》完成时，它所引用的神话已经存在几个甚至十几个世纪。但直到铜器时代，讲印欧语系语言的人才开始进行远距离旅行和贸易，随之迁徙的当然还有他们的信仰。这一迁移的地域广大，从亚洲直到斯堪的纳维亚（包括北欧的挪威、瑞典和丹麦，有时还包括芬兰、冰岛和南挪威海的法罗群岛）。

在欧洲采集到的考古证据，为首先确立于印度次大陆的印欧语系神话提供了最强烈类比。在这些铜器时代

共享的神话中太阳教神话是最重要的神话之一。根据这一神话，太阳每天的行程由一匹拉着两轮战车驶过苍穹的马来象征。这也被普遍解读为从死亡到来世的旅程。在希腊和挪威的神话中，也有超自然的马。在希腊神话中，公马珀加索斯（是一匹生有双翼的神马，其足蹄踩过的地方有泉水涌出，诗人饮之可获灵感）是海神波塞冬及其妻子美杜莎的后代。当美杜莎被主神宙斯之子珀尔修斯斩首时，珀加索斯从美杜莎的颈部诞生。在驯服珀加索斯之后，科林斯英雄柏勒罗丰试图骑着这匹马前往位于奥林匹斯山上的众神之家。但宙斯强迫珀加索斯猛然弓背跃起，把柏勒罗丰送回地面，作为对他的自负的惩罚。珀加索斯继续他的天宇之旅。他身携雷电住在宙斯的马厩里。宙斯还在天上设置了珀加索斯星座，以此标志春季来临。在挪威神话中，战争、诗歌、知识和智慧之神奥丁也有一匹神马相伴。这匹名叫斯普雷尼尔的八腿马速度极快。他驮着奥丁穿越"九大世界"，它们象征挪威人

世界观中的主要元素——人性、众神、火、冰、侏儒、死亡，还有栖息在林间和小山中喜欢与人捣蛋的小妖精等。

马与神话（二）

马一旦被驯化，它们就开始在葬礼仪式中发挥重要作用。在欧亚地区大草原上年代被测定为公元前5000年的多座墓葬中，考古学家发现了与牛、羊残骸混在一起的马骨。所有这些动物当时很可能是被杀死以陪葬，但也可能是在葬礼上被人吃。后来，在从中国到英国的很多不同地区、不同文化的墓葬中，都发现了马在复杂葬仪中起着越来越重要作用的证据。也许，最早在葬仪中赋予马荣誉角色的是辛塔什塔族。大约公元前2000年，辛塔什塔文化建立于乌拉尔山脉以南的大型加固型定居点群。这个民族的重要成员下葬时，他们的二轮马车和拉车的马会一起被埋葬。与其他可能会在葬礼上被杀死、吃掉的牲畜不同，这些马将身体完整地与主人一起前

中国兵马俑（年代大约为公元前3世纪）

往来世（或者说阴间）。

在辛塔什塔文化之后的许多草原文化中，也有用马陪葬的习俗。在西伯利亚，公元前5世纪铁器时代的帕兹伊尔克人用巨大的坟堆埋葬贵族，陪葬的马配备用布匹做的马鞍和华丽的头饰。用马陪葬的最精致的墓葬在中国。对公元前6世纪齐景公墓的发掘，发现了200匹马的遗骸，这代表着一笔极大的财富。此墓尚待完整发掘，一些考古学家估计墓中可能共有多达600匹马。只有在秦始皇（中国第一位皇帝）陵附近多个陪葬坑中发现的、与兵马俑相随的陶马数量，才能匹敌这个数字。考古学家估计，秦始皇陵的这些坑中除了有8 000多个兵马俑之外，还埋葬了130辆战车和超过650辆四轮马车。

战马

到了公元前1500年左右，整个近东地区和埃及都已经在战争中普遍使用马。这可能是源于两方面的进展：一是

马车设计的改进，尤其是辐条轮的发明取代了实木轮，从而降低了马车重量。二是采用了全金属马嚼子，这让驾驶马车的人能更好地控制拉车的马。尽管马车战役成本高昂，战车有效性又受到战车坚固程度和地形的制约，但这并不影响战车成为基本的战场装备。考古学家说，铜器时代战车充当的基本上是流动的射箭平台。而更庞大的四轮马车则用于搭载帝王进入战场，或者让将军观察战斗情况。更轻质的两轮马车，例如发现于埃及少年法老图坦卡蒙的金字塔中的那些马车，则更适宜搭载单名射手及一名驾驶人。

最能说明古代近东地区使用马拉战车情况的证据之一，是1906—1907年发现于安纳托利亚（西亚小岛，小亚细亚的古称）哈图沙的赫梯人遗址的一块王室碑匾。这块碑上的"基克库里文本"用楔形文字雕刻而成，雕琢年代大约是在公元前1400年，作者正是基克库里。他在碑文第一行中介绍自己是"来自米坦尼王国的一名驯马师"，米坦尼王国

法国巴约地区挂毯（年代大约为公元11世纪）

伊拉克尼尼微的亚述马拉战车浮雕（年代大约为公元前7世纪）

阿契美尼德王族的马拉战车塑像（年代为公元前5—前4世纪）

的疆域包括今天的叙利亚北部和土耳其东南部。他接着描述了大约为184天的驯马周期：这个周期开始于秋季，驯马术包括怎样喂马、怎样给马喝水、怎样照顾马、怎样让马在马厩里休息、怎样为马做按摩以及怎样使用马毯等。

有近1 000年时间里，战马几乎只被用于拉战车。但在公元前大约850年之后，马拉战车开始减少。然而，马并未失去在战场上的用途。在大约150年的时间内，适合几乎任何地形的骑兵就在近东地区取代了马拉战车。后来，马拉战车在近东地区主要被用于比赛、阅兵和权贵出行的交通工具。最后，这种情况也出现在欧洲大部分地区。真正的骑兵的出现，是影响欧洲历史的大事件背后的决定力量，这些事件包括查理·马特在公元732年的普瓦捷战役中击败萨拉森人、神圣罗马帝国的建立和征服者威廉在公元1066年的哈斯廷斯战役中获胜等。有考古学家指出，与动物有关的最重要的历史发展，就是把马作为一种作战设施。

比赛与表演

在古希腊-古罗马世界，赛马是被个人与国家用于昭示权威、激励公民自豪感和庆贺特殊事件的有力象征。对希腊人来说，马拉战车比赛很可能开始于公元前1500年左右，并且成为他们的最神圣仪式中的一个中心元素。对这类早期赛马的记载出现在荷马的诗集中。荷马记述了为祭奠阵亡者普特洛克勒斯（希腊战士，在特洛伊战争中被杀）而举行

古罗马马戏团戏马壁画（年代大约为3世纪初）

的葬礼赛马，在此过程中，希腊国王们和英雄们绕着一个树桩进行赛马，获胜者得到的奖赏是一个女奴。大概是在奥运会创立后100年，即公元前776年，赛马被列入奥运会比赛项目。这为权贵家族展示其财富、社会及政治资本的象征——马——提供了机遇。

对罗马人来说，赛马常常只是作为国家举办的、旨在娱乐大众的奢华表演的一部分。最早和最大的罗马跑马场——大竞技场，由颇具传奇色彩的罗马第五任皇帝塔克文·普利斯库斯（公元前616—前579年）建造，地点是在帕拉廷山与阿旺廷山之间的一座山谷。尽管大竞技场开始时不过是希腊跑马场的露天、椭圆形翻版，罗马人却逐渐把它建造成了一座巨型体育场风格的建筑。到了公元1世纪，大竞技场已能容纳多达25万名观众。虽然大竞技场中也举办角斗士竞赛等其他愉悦观众的赛事，但马拉战车比赛无疑是罗马历史上最早和存在时间最长的主要表演性赛事。

回到新世界

最后一批被马改变生活的人群，是美洲的土著人，他们的祖先在这之前最后一次看见马是在9 000年前。1519年，西班牙殖民者荷南·科尔蒂斯带着500个人及15匹马闯入墨西哥，这是马重新进入美洲。在随后与阿兹特克人及其他墨

古希腊的亚底米少年骑师塑像（年代大约为公元前140年）

法国拉斯科洞穴画（年代大约为1.73万年前）

西哥城邦国的战役中，科尔蒂斯的小小骑兵部队凭借马匹获得了很大优势。他们骑马攻进阿兹特克都城特奥蒂瓦坎，终结了在墨西哥的80天战役。此后，科尔蒂斯在墨西哥再未遇到严重挑战。

一旦马重归自己起源的草地，它们就帮助平原印第安人在几乎一夜之间重塑了自己的文化。马取代狗成为驮兽，使人们能够运输的物资大量增加。人们骑在马背上追捕野牛，打猎更有效率。一些部落，例如拉科塔人甚至放弃了农业，变成了全职的马背上的猎人。骑马也导致战争增加。精于马术的印第安人，曾一度成功遏止了白人移民的向西蔓延，但哪怕是最好的骑手也无法匹敌由蒸汽列车带来的移民大军，难怪列车一经发明就被称为"铁马"。在一定程度上，这不能不说是马的悲哀。

基因证据揭示马的驯化

2005年的一项研究，检测了全球范围内许多种类的马的线粒体DNA，检测对象从5.3万年前的化石到当代马都有。该研究把所有马科动物放进一个单一的进化枝（即拥有一个共同祖先的种群），其中包括3个在基因上有差别的马种：南美马、高跷腿马和真马。真马的分布范围从欧洲西部一直到白令陆桥，其中包括史前马和普氏野马（由19世纪一位俄国探险家发现于中亚），此外还有曾被认为属于一个单独的泛北极马种（如今被认为是现代家马的马种）。一项更详尽的检测，把真马分成了两个主要的进化枝：其中之一看来局限于北美洲，如今已灭绝；另一个则可能广泛分布于从北美洲直到欧洲中部，再到更新世冰原以北和以南的地区。大约1.4万年前，后者在白令陆桥灭绝。大约9 000年前，它在美洲其余部分灭绝；然而，它在欧亚大陆存活下来。看来，所有家马都是这些欧亚真马的后代。欧亚真马显示出很少的谱系地理结构（即与特定地理环境相关的结构特征），这很可能反映了它们很高的机动能力和适应性。

因此，今天的家马被分类为"被驯化的野马"。今天已不存在任何原生野马的基因组，但从未被驯化的普氏野马是个例外。普氏野马有66个染色体，现代家马则只有64个，而且普氏野马的线粒体DNA也与现代家马有别。基因证据暗示，现代普氏野马源自欧亚大草原东部一个地域特征明显的基因库，而非源自产生现代家马的基因库。但像法国拉斯科远古洞穴画之类的证据暗示，现在被一些研究者称作"泰班野马亚种"的远古野马很可能与普氏野马的外形很相似：大大的脑袋、暗褐色的皮肤、粗壮的颈子、硬而直的鬃毛以及相对短、粗的腿。

在上一次冰河期，欧洲、整个欧亚大草原和北美洲的马都被早期人类作为肉食来源之一。古生物学家和考古学家迄今已发现了多个原始人宰杀马的遗址，欧洲的许多洞穴画描绘了宰杀马的情景。随着与上一次冰河期末有关的气候突变，或者随着人类的猎杀，许多冰河期马种消亡。尤其是在北美洲，马完全灭绝。仅仅基于体形、服从性（而不包括DNA检测）的早期分类，暗示在驯化之前大约有4个原型的野马，它们分别适应各自所在的环境。但这方面也有多种不同的理论。其中一些声称这4个原型是独立的马种或亚种，但另一些则认为这些原型不过是同一马种的不同的生理特征彰显形式而已。然而，最近的研究表明，实际上只有一种真正的野马，所有不同身体类型的马都完全是在驯化过程中选择性繁育和适应地区环境的结果。不管这些说法孰是孰非，目前最常见的理论是：如果所有现代马都源自一些亚种，那么除了所谓的"泰班野马"亚种外，还有以下3个亚种：

温血亚种，也称"森林马"。这一原型可能促成了欧洲北部温血马和阿登纳斯马等"重型马"的演化。

驮马亚种，是个头较小、健壮结实、体毛厚密的马，起源于北欧，适应寒冷、湿润气候，有点像今天的驮马，甚至与设得兰矮种马有几分相似。

东方亚种，是个头高挑、优雅活泼的马，起源于西亚，适应炎热干燥的气候，被认为是现代阿拉伯马和阿克哈·塔克马的祖先。

只有两个从未被驯化的野马种群存活到了有文字记载以来的时期，它们分别是普氏野马和泰班野马。泰班野马已在19世纪晚期灭绝，普氏野马则严重濒危。后者20世纪60年代在野外销声匿迹，但在20世纪80年代被重新引入蒙古国的两个保护区。最近的基因学研究表明，普氏野马并不是现代家马的祖先，看来曾经存在过可能充当了家马种畜祖先的野马种类。

2014年的一项研究比较了来自驯化之前古马骨骼的DNA和现代马的DNA，

发现了125个与驯化有关的基因。其中一些是生理基因，它们影响肌肉和肢体发育、心脏力量与平衡。另一些基因与认知功能有关，它们可能对于马的驯化来说最重要，其中包括社会行为、学习能力、恐惧反应和顺从性。用于这项研究的DNA来自于年代被测定在4.3万～1.6万年前的马骨，这一时间跨度较长，所以马的驯化的精确程序列尚待调查。

这是一匹人工繁育的赫克马，它很像如今已灭绝的泰班野马。泰班野马是在最初驯化马时期存在的一个野马亚种

对于公马和母马驯化的分析，是分别通过调查只由母系遗传的线粒体DNA或只由父系遗传的Y染色体（或称Y-DNA）而进行的。DNA研究发现，母马驯化事件可能发生过多次，因为解释现代马基因多样性所需的雌性系数量暗示母马的不同祖先的最小数量为77个。另一方面，与公马驯化有关的基因证据暗示了一次单一的驯化事件，在此事件中，有限数量的公马与再三引入的母野马交配。

在2012年发表的一项研究报告中，科学家对300匹来自欧亚地区大草原的役马进行了基因取样，同时审议了之前对马的考古学、线粒体DNA和Y-DNA研究。该研究暗示，马最早被驯化是在欧亚大草原西部。经过驯化的公马和母马都是从该地区走出去的，但其他地区的母野马加入了驯化马群。事实上，母野马比公野马容易对付。世界其他大多数地区被科学家排除在马的驯化地点之外，原因要么是气候不适宜马的驯化，要么是缺乏驯化马的证据。

位于Y染色体的基因只从雄性亲畜传给雄性后代。这些品系在现代马身上显现的基因差异很有限，比之前科学家们预想的差异少得多。这表明相对少的公野马被驯化，并且有一种情况是不可能的：在早期驯化的种畜当中，包含许多公野马和母家马交配而产下的公马。

位于线粒体DNA上的基因沿母系从母体传给后代。通过对获取自现代马的线粒体DNA以及对来自古马骨骼和牙齿的DNA进行对比研究，科学家发现线粒体DNA的基因多样性高于其余DNA，这证明有大量母野马在最初马的驯化中充当了种畜。线粒体DNA的差异被用来确定所谓的单倍群。一个单倍群是指一组共享相同祖先、紧密关联的单体型。对于马来说，迄今已经识别了7个主要的单倍群，每个单倍群又各有多个亚群。多个单倍群在世界各地均衡分布，表明当地母野马加入了驯化马群。其中一个单体型只发现于伊比利亚半岛，这引发了一种猜想：伊比利亚半岛或非洲北部是马的一个独立驯化地点。然而，在对核DNA进行检测，以及对最早期家马的基因结构有更多了解之前，这种猜想无法被证实或推翻。

　　即便马的驯化在短时期内就变得很普遍，马的驯化始于一种文化，该文化把驯马技术和种畜传递给别的文化也依然是可能的。还有一种可能是，当其他所有曾经的"野"马都灭绝时，两个"野"马亚种却存活了下来，原因是：其他所有野马都更适合被人类驯化，都更适合被选择性繁育成现代家马。

　　需要说明的是，通过基因研究确定驯化时间是基于这样一种假设：驯化种群与野生种群之间存在基因型的分化。这样的分化在马的演化过程中看来发生过，但运用这种方法只能对驯化的最早时间进行估计，原因是不能排除一种可能性：在一个未知的相对早期，野马与家马之间出现过基因流动（只要家马放养区位于野马栖息地范围内，这种情况就自然会发生）。此外，所有现代家马都保留着回归野生状态的能力，而所有现代野马其实都是逃离人类控制的野马后代。

在这幅俄罗斯古洞穴画上，可见马、猛犸象和犀牛等

（刘声远）

巨型远古动物

　　像好莱坞恐怖电影中的"哥斯拉"一样、能一口吞下公共汽车的海洋巨兽；身高3米、有着比人类脑袋还要大的脑袋的肉食巨鸟；像小型飞机一样大、在天空中成群翱翔的大鸟……古生物学家在发掘化石的过程中不断发现曾经生活在地球上的身形巨大的奇特远古灭绝动物，包括巨大的恐龙、哺乳动物、鸟类、鱼类等，这些古生物的发现向我们展现了远古地球生机勃勃的生命景观。

巨鹰：以恐鸟为食的哈斯特鹰

（harpagornis moorei）

哈斯特鹰是曾经生活在新西兰的一种巨鹰，也是迄今已知最大的鹰，曾高居当地食物链的最顶端，主要以一种巨大的鸟类——恐鸟为食，后者有点像现代鸵鸟，不会飞，现已灭绝。研究人员曾在体重达200千克的恐鸟的化石骨骼上发现了哈斯特鹰留下的爪痕。哈斯特鹰的体形如此之大，已接近鸟类飞行的物理极限。研究表明，当鸟类的体重达到某个极限，就无法正常飞行，这个极限大约为15千克体重，而这正是哈斯特鹰的估计体重。

哈斯特鹰的祖先是一种很小的鹰，体重仅约1千克，相当于一只小松鼠，它们从澳大利亚越洋来到新西兰，最终进化为体重可达15千克、翼展可达3米的体形庞大的猛禽。相比之下，现代体形较大的体重约6.4千克、翼展约1.8米的猛禽秃头鹰就显得小巧多了。

哈斯特鹰在到达新西兰之后，经过一万年的进化，体重增加了15倍，如此快速变化的例子在陆地脊椎动物中是绝无仅有的。那么是什么原因使得哈斯特鹰能在地质时间的"瞬间"进化为以巨大动物（如恐鸟）为食的掠食动物的呢？有科学家认为，哈斯特鹰最初抵达新西兰时，岛上还没有其他动物可以与它们争夺像恐鸟这样的"大餐"，食物来源丰富，而它们又拥有足够的能力去获得这些丰富的食物，体形最大并能捕杀最大猎物的个体最可能成功繁殖后代，于是哈斯特鹰的体形在短暂的地质时期内迅速变大。

1871年，科学家根据出土的化石骨骼，知道了哈斯特鹰的存在，但对这种巨型动物的行为并不完全清楚。由于其体形巨大，一些科学家认为它们是食腐动物，而不是掠食动物。现在，科学家利用现代扫描技术对哈斯特鹰的大脑、眼睛、耳朵和脊髓腔等身体构造进行研究，并建立计算机模型，再与现代食腐鸟类和掠食鸟类进行比较，最终了解了这种已灭绝巨鹰的生活习性。

研究表明，哈斯特鹰从空中攻击目标猎物的速度可达每小时80千米，在捕食时以猎物的咽喉部和头部为袭击目标，其爪子力量强大，足以捕杀体重达200千克的恐鸟，甚至可能还攻击过早期人类小孩。

700年前，在人类首次抵达之前，新西兰是一个没有陆地哺乳动物的鸟类王国，在这个鸟类的世外桃源中生活着250多种鸟类，形成了一种独特的生态环境。哈斯特鹰曾是新西兰最早的居民毛利人的洞穴绘画和神话故事中的主要题材。然而，在人类到达新西兰岛之后不久，哈斯特鹰的主要食物恐鸟被人类猎杀殆尽，大部分茂密的森林栖息地也被人类砍伐，哈斯特鹰于公元1400年左右从岛上消失。与此同时，岛上鸟类中的约40%遭到了与哈斯特鹰同样的命运，在人类到来之后不久相继灭绝。

科学家指出，哈斯特鹰生活的那个世界已经消失，如今由于人类活动，许多鸟类的栖息地正在受到威胁，哈斯特鹰的灭绝对于我们来说是一个深刻的教训。

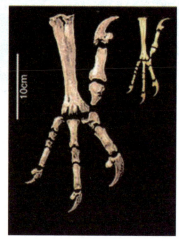

哈斯特鹰足骨,右上为小型鹰的足骨

巨鳄：称霸侏罗纪海洋的"哥斯拉"

（dakosaurus）

这是新近发现的一种生活在侏罗纪晚期至白垩纪早期（距今约1.35亿年前）的已灭绝海洋生物，身长约4米，口吻部长达46厘米，长有10厘米长的上下交错的锯齿状的巨大牙齿，是一种巨大的食肉动物。这种古老海洋生物长有恐龙样的头，鳄鱼般的身体，以及鱼的鳍，拥有好莱坞恐怖电影中"哥斯拉"怪兽的一些特点，因此科学家给它起了一绰号——"哥斯拉"，学名是dakosaurus，在希腊语中的意思是"凶猛的蜥蜴"。

科学家在对其化石进行研究后，确认这种远古巨怪系鳄鱼家族成员，但比同一时期的其他鳄鱼要凶猛得多，其他一些鳄鱼长而小的口吻部和针状的牙齿只适合捕食小鱼和软体动物，这种巨型鳄鱼刚好相反，其口吻部较短，颌部巨大，长着有锯齿边缘的巨齿。这些都表明"哥斯拉"拥有巨大的咬合力，能够从猎物身上撕扯咬下大块的肉块，在其生活的年代，它们显然处于海洋食物链的顶端，是当时海洋中最恐怖的掠食动物。

巨鳄"哥斯拉"很多时候都在岸上生活，但从其对海洋生活的适应程度来看，这种巨鳄很可能是在海里完成交配的。由于巨鳄"哥斯拉"的卵和巢穴至今未被发现，所以它们究竟是像海豚和鱼龙那样在海里产仔，或者像海龟那样上岸产仔，这些问题目前都不得而知。

巨鳄"哥斯拉"体长4～5米，与如今生活在地球上的鳄鱼相比，体型不可谓不大。呈流线型的身体，鳍状的尾巴，可以让它们在水中最大限度地发挥动力学效率。与现代鳄鱼相比，它们在海中的游泳水平显然更胜一筹。

巨鳄"哥斯拉"的骨骼化石是在巴塔哥尼亚发现的，那里曾经是一个热带太平洋海湾。大约1.35亿年前，当巨鳄"哥斯拉"在海洋中徜徉之时，地球上还生活着种类众多的鳄鱼，但前者以其巨大体形和凶猛强大，令其他种类的鳄鱼望尘莫及。

巨熊：人类祖先面临的强劲对手洞熊
（cave bears）

科学家根据对在罗马尼亚最新发现的远古巨型杂食动物——洞熊的头骨化石进行的研究指出，除了剑齿虎、狼以及吃人的猛禽让人类的祖先担惊受怕之外，洞熊是另一个让我们祖先不得安定的敌人，换言之，洞熊可能曾经是我们祖先面临的最强劲的对手之一。之前科学家曾认为洞熊是一种食草动物，以浆果和草根为食，但后来在喀尔巴阡山脉发现的洞熊骨骸化石则表明，它们完全不是我们想象的温和模样，同时也是非常凶猛的食肉动物，它们甚至还吃人。

洞熊的学名为ursus spelaeus，生活于更新世时期的欧洲。"洞熊"之名源自于其化石大部分都是在洞穴中被发现的，这也表明这种动物在洞穴中的时间

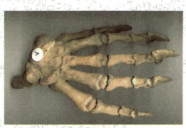

远多于棕熊，后者只在冬眠时才会进入洞穴中。因此，在洞穴里发现的大量骨骸几乎都是属于洞熊的。洞熊体形巨大，雄性可长到1 000千克，相当于最大的阿拉斯加棕熊和北极熊之和，后两者是如今生活在地球上的最大的熊，平均体重约500千克。

根据最新估计，洞熊灭绝于大约2.78万年前，比以前估计的要早1.3万年，是地球历史上最近一次生物大灭绝中最早灭绝的大型哺乳动物。与洞熊相继灭绝的还有猛犸象、披毛犀、巨鹿和洞狮等大型哺乳动物。那么，是什么原因导致这些大型哺乳动物灭绝的呢？这一直是个难解之谜。有科学家认为是早期人类的狩猎活动导致了巨型哺乳动物的灭绝，但另有科学家认为这种说法缺乏令人信服的证据。还有一种理论认为，可能是某种未知的病毒或细菌导致了大型哺乳动物的灭绝，但这种理论无法解释为什么体形大小迥异的多种动物会几乎同时灭绝。

对洞熊骨骸化石进行的放射性年代测定发现，洞熊灭绝的年代与气候产生剧烈变化的年代相吻合，这表明洞熊是在欧洲最后一次冰川期灭绝的。研究认为，当时生活在地球上的一些大型哺乳动物主要以素食为主，特别是以某些专门的植物为食，由于冰川期地球气候明显变冷，使其赖以生存的植被大量消失，食物的严重匮乏最终导致这些大型哺乳动物灭绝。与其他灭绝的巨型动物相比，洞熊生活在一个相对有限的地理范围内，其活动范围仅局限于欧洲（从西班牙到俄罗斯乌拉尔山脉），加上其

以高品质的植物为主的素食生活方式，这或许就是洞熊的灭绝时间远早于其他巨型哺乳动物的主要原因。不过，最新研究也指出，洞熊虽以素食为主，但并不排斥肉食，属于杂食性动物，它们的食物中至少包括了部分动物蛋白，可能是一些在冬眠中死去的同类，或者与它们同时代的体形较小的欧亚棕熊。

那么，与欧洲洞熊拥有共同的祖先的棕熊如今足迹已遍及欧洲和亚洲北部的大部分地区，它们为什么能一直生存至今呢？这个问题目前还没有确切答案，可能涉及两者不同的饮食偏好、冬眠策略、地理范围、栖息地偏好，也许还有人类捕食等因素在内。

1774年，科学家首次描述了这种已灭绝动物，并将其归属于恐龙、独角兽、猿、犬科动物或猫科动物等。1794年，又有科学家对新发现的该种动物的骨骸化石进行了描述，将其命名为"洞熊"，并认为它们应该属于北极熊一类的动物。之后，人们对这种巨型古生物进行了两百多年的科学研究，但至今为止，洞熊灭绝的时间和原因仍然存有争议。

巨禽：大如小型飞机的骨齿鸟
（pseudo-toothed bird）

想象一下，一群像小型飞机一样大的鸟在天空翱翔那是多么壮观的景象，它们就是5 000万年前生活在如今英国的古老的巨大海鸟——骨齿鸟。

科学家在英格兰东南海岸泰晤士河口附近发现了一具保存完好的史前巨型飞禽的骨骼化石，这种巨禽属于已经灭

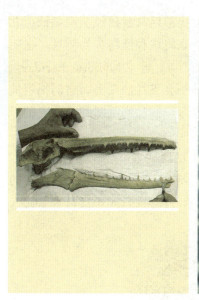

绝的一种鸟类，其体型大如小型飞机，光翼长就近5米，最为奇特的是，其嘴部有锋利的齿状骨骼结构。这种5 000万年前飞翔在如今英格兰天空中的巨禽是现代鹅与鸭的近亲。

按今天的标准来看，这是一种相当奇特的动物，尤其是其鸟喙的边缘处有着锐利的齿状突出，也即"伪齿"（构成物质是角蛋白，和构成我们头发和指甲的是同一种物质，而真正的牙齿是由珐琅质和象牙质构成的）。现代鸟类的祖先在进化过程中为了减轻重量，以更有利于飞行而失去了牙齿。但科学家认为，骨齿鸟（也叫伪齿鸟，史前时代的一种大型海鸟大家族）重新进化出"伪齿"也是有其充分理由的。这些远古海鸟经常在海面飞掠，用翅膀击杀捕猎鱼类和鱿鱼，如果它们的喙与其他鸟类一样，就很难将滑溜溜的鱼抓牢。所以，为了猎食的需要，在它们的喙上渐渐演化出了"伪齿"，以防止到嘴的食物溜走。

骨齿鸟的另一个特点是体形硕大，即使是体形最小者也有现代信天翁那般大。最大骨齿鸟的翼展可达5～6米，在整个新生代，这种鸟类中的庞然大物是海洋上空的主宰。它们与人类进化的时间擦肩而过，最后存在的骨齿鸟与早更新世的人类生活于同一个时代。

有的理论认为，在其他一些海鸟、鲸类动物和鳍足类动物的大规模进化的竞争之下，骨齿鸟渐渐消失。但事实上，骨齿鸟与鲸类动物、鳍足类动物和其他鸟类之间对食物的竞争也许并不是那么激烈。鸟类和鳍足类动物都需要在沿海平坦的海滩上抚育后代，因此对"育婴地"的竞争可能会影响到鸟类的种群数量。但是，岛屿或沿海地区的丘陵高地也能为骨齿鸟提供抚育后代的场所，而那些地方却是鳍足类动物可望而不可即的。就像今天的许多信天翁一样，骨齿鸟可能也需要强大的上升气流以帮助起飞，所以它们或许更愿意选择地势较高处建筑巢穴抚育后代，而不愿到鳍足类动物的聚居处去争夺有限的生存空间。

巨鸟：性情凶猛速度惊人的骇鸟
（terror bird）

新的研究发现，在大陆桥连接北美和南美两大洲之前很久，一种模样可怖的巨大史前巨鸟就已经从南美抵达北美。科学家将这种怪鸟称为骇鸟（也叫"恐怖鸟"），学名为phorusrhacidae。这是一种不会飞行的鸟类，它们很可能从南美取道一些岛屿跳跃到了北美的一些岛屿。

以往发现的骇鸟的体形都较小，60～90厘米高，而最新发现的骇鸟的身高约3米，体重约150千克，有着比人

类脑袋还要大的大脑袋。骇鸟是有史以来最大的鸟类，生活在6 200万～200万年前新生代时期，属于不会飞的大型鸟类，是南美洲的主要肉食鸟类。与骇鸟最接近的现代近亲可能是一种身高约80厘米的鹤。骇鸟是南北美洲生物大迁徙大交换中从南美迁移到北美的唯一一种食肉动物，南北美洲生物大迁移是动物地理学上的一次重要事件。

研究显示，虽然骇鸟的体态与性情温和素食的鸵鸟十分相似，但却是凶猛的食肉动物。骇鸟的攻击速度极快，并且往往一击致命。体型较大品种的骇鸟可以轻易咬碎猎物的头骨，并用鸟喙穿透猎物的头骨。骇鸟的喙是其可怕的武器，当它们向猎物发起攻击时，其力量相当于一柄巨大的锤子。

科学家推论，骇鸟虽然体型庞大，奔跑速度却十分惊人，其中的跑步健将可达每小时48千米的速度。在开阔空旷的原野上，速度对于掠食动物来说至关重要，决定它们的生存和未来，敏捷的速度不仅可以在更大范围内捕食猎物，也更有利于向猎物发动突然袭击，使受袭猎物措手不及。

凶猛的喙，再加上惊人的奔跑速度，以及长距离奔跑的耐力，使这种史前巨鸟完全无愧于"恐怖鸟"之称，成为中新世时代高踞于地球陆地食物链顶端的最可怕的食肉动物之一。

骇鸟生活的南美洲曾是与其他陆地隔绝的大陆板块，因此没有更强壮的掠食动物与其竞争，但大约在距今300万年前，南北美洲大陆板块发生碰撞后发生的生物大迁移大交换使原先生活在北美洲的一些掠食动物如美洲虎和剑齿虎等大量涌入南美洲，在残酷的自然竞争中，骇鸟渐渐走向了灭绝。

巨鱼：最早的"百兽之王"泰雷尔邓氏鱼
（dunkleosteus terrelli）

科学家为了证实一种名叫"泰雷尔邓氏鱼"的史前鱼类的强大咬合力，利用其头骨化石创建生物力学模型，以模拟它的头骨运动方式和咬合力度。结果发现，这种海洋鱼类的牙齿撕咬力超过人类目前所知的其他所有生物，其锋利的前牙凶猛无匹，可将鲨鱼轻易撕成两半，堪称地球上最早的"百兽之王"。

科学家利用计算机模型进行测试后得出结论，这种史前巨鱼力量惊人，一咬之下的咬合力可达453千克，是有史以来所有鱼类中最强大的，集中在犬牙尖部的咬合力高达每平方厘米563千克，足以与雷克斯暴龙和现代鳄鱼分庭抗礼。更可怕的是，它张开巨口的速度只需1/50秒，这种速度甚至能对猎物产生一种吸力，直接将猎物吸入口中。

邓氏鱼生存于距今3.8亿～3.6亿年前的泥盆纪晚期，是有史以来最大的盾皮鱼之一，其头部和颈部覆盖着厚厚的"盔甲"，这种掠食鱼类身长可达10米，体重可达3.6吨，是一种顶极捕食动物，主宰着当时的水生生态系统。同时代的其他盾皮鱼类，在体形上罕有能与邓氏鱼相比的。强大的咬合力使得它们有能力去捕食海洋中的其他披甲水生生物、鲨鱼和节肢动物。若是邓氏鱼能够

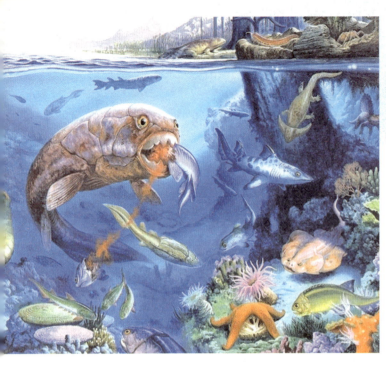

生存到今天，仍然是可怕的食肉动物之一。有科学家说："如果让最大的邓氏鱼迎战6米长的大白鲨，我可以打赌，获胜者一定是邓氏鱼。"

由于身披厚重的盾甲，邓氏鱼的游泳速度可能比较慢，它们可能经常在近海岸水域转悠，但是否有时也会游到远洋海域，目前还不得而知。保存下来的邓氏鱼化石骨骼通常只有受到盾甲保护的前面部分，因此这种远古鱼类后半部分的样子还不太确定。

化石记录显示，作为当时最强大的食肉动物，邓氏鱼对食物毫不挑剔，各种鱼类、古代鲨鱼、头足类动物，都在其食谱范围之内。而根据在邓氏鱼化石的披甲上发现的啮咬痕迹推测，只要有机会，邓氏鱼之间甚至会同类相食。研究表明，邓氏鱼在成年的过程中，随着

饮食习惯的变化，其颌骨形态会发生改变，小时候似乎更适合于捕食各种软体水生动物，到成年后则拥有啮咬穿透硬体动物骨甲的巨大力量，在捕食剧烈挣扎反抗的猎物，如其他盾皮鱼类时，更能应付裕如。

1956年，为纪念当时的克里夫兰自然历史博物馆古脊椎动物馆长大卫·邓克尔，这种古生物被命名为邓氏鱼。

巨蟒：有史以来最大的蟒蛇
（ancient giant snake）

现已灭绝的这种史前巨蟒比好莱坞电影中描写的史前巨蟒要恐怖得多，据研究人员的保守估计，这种巨蟒重可达1 140千克，从鼻端到尾尖身长约13米，它的样子虽然很可怕，但却是一种类似

水蟒的无毒大蟒，生活在6 000万年前的南美热带雨林中。

多伦多大学古生物学者詹森•希德是史前巨蟒化石骨骼的发现者和研究者之一，他说："它是世界上有史以来最大的蟒蛇，它的身体如此之宽，想要进办公室来吃掉我，要从门口挤进来却很困难。"

研究人员指出，6 000万年前，南美的热带生态系统与今天大不相同，像今天一样，是一片热带雨林，但比今天要热，在这种得天独厚的气候条件下，冷血爬行动物的身体都长得非常巨大，因此，这种世界上最大的巨蟒可以说是空前绝后的。这种巨蟒又被称为泰坦巨蟒，是恐龙灭绝后在地球上占据统治地位的体形最大的食肉动物。

巨象：种群灭绝影响气候的猛犸象

（woolly mammoth）

一项针对史前气候变化所进行的新研究表明，远在人类开始燃烧煤和石油之前几千年前，狩猎地球上最后的猛犸象的早期人类的狩猎活动就对地球气候变化产生了影响：随着大量嚼食树叶的猛犸象的消失，矮桦树林在北极周围迅速蔓延开来，大片反射阳光的地面变得暗淡起来，北极地区气温升高。随着植被向北进发，"反照率效应"对气候产生影响，吸收更多阳光的深色地景替换了大量反射阳光的冰雪大地，气候越变越暖。到冰河时期后期，全球气温上升，曾经覆盖了北半球大部分地区的冰川急剧退缩，猛犸象也正是在这一时期

开始灭绝的。有关专家指出，如果捕猎猛犸象的猎人加速了北极变暖，这将是人类对气候产生影响最早的例子。随着7 000年前农业时代的到来，人类还通过森林砍伐和作物种植改变着地球气候。

　　猛犸象，学名为mammuthus primigenius，也被称为苔原猛犸象，是一种已经灭绝了的庞然大物。从北美洲北部到欧亚大陆北部都发现了猛犸象的骨骼和冰冻的尸体，尤以西伯利亚的保存最为完好。发现的最早的猛犸象样本位于15万年前的欧亚大陆沉积层中，大约于1万年前的更新世后期在大部分地区消失，只有一小部分仍然生存在俄罗斯东北部的弗兰格尔岛，直到公元前1700年左右才最后灭绝。科学家尚不能

确定的是：导致猛犸象灭绝究竟是气候变化的影响多一些，还是人类猎杀活动的影响多一些。还有人认为，是彗星撞击地球，才使得猛犸象从地球上消失。

　　与其他大多数史前动物不同，猛犸象的尸体通常并没有变成真正的化石，而是较好地保存为有机状态，部分原因在于其栖息地冰天雪地的气候条件，同时也与其庞大的体形有关。因此，就解剖学上的意义来说，猛犸象是人类了解最多的史前脊椎动物。

　　猛犸象主要分为两个亚种，一种生活在北极高纬度地区内，另一种生活在较为广泛的区域范围内。猛犸象虽然很大，但并非大得难以想象，事实上比如今的亚洲象高不了多少，但体重却重

得多。完全长大的成年公象的身高可达2.8～4米，个子较矮的猛犸象的身高在1.8～2.3米之间，猛犸象体重可达8吨。

猛犸象有一些适应寒冷气候的突出特征，最引人注目的是那一层厚而蓬松的长毛，长度可达1米。猛犸象的皮毛与麝牛相似，夏季脱毛换毛。猛犸象的耳朵远比现代大象小，至今为止发现的猛犸象的耳朵最大的只有30厘米长，相比之下，现代非洲象的耳朵可长达180厘米。猛犸象的皮肤并不比现代大象厚，但分布着许多能够分泌油脂的皮脂腺，皮下脂肪厚达8厘米，像鲸脂那样帮助保暖。还有与驯鹿和麝香牛相似的一点是，猛犸象的血红蛋白也适应了寒冷的气候，三种变异的遗传基因大大提高了其迅速将氧气运送到全身各处以防止冻结的能力。

西伯利亚当地人早就发现了猛犸象的遗骸，并收集猛犸象的长牙进行象牙交易。他们将其认作是巨大的鼹鼠或河马之类的巨兽。17世纪初，有关猛犸象的报告偶尔会流传到欧洲，欧洲人通常将它们看作是圣经上的故事，有着"庞然大物"之意的当地语言"猛犸"（mammoth）一词也在这一时期首次进入英语词汇中。

英国科学家汉斯·斯隆于1728年最早对来自西伯利亚的猛犸象的牙齿和长牙进行研究，并首次认定它是一种大象，而不是河马之类的动物。1796年，法国科学家乔治·居维叶首次发现，猛犸象不是迁移到北极的现代大象，而是一个全新的物种。最重要的是，他认为这一物种已灭绝，在地球上不复存在。居维叶的观点在当时并没有被广泛接受，直到1828年才由约书亚·布鲁克斯认定这是一种截然不同的物种，将其分类定名为猛犸象。

（方陵生）

JUXING DONGWU XIAOSHI ZHI MI

巨型动物消失之谜

澳大利亚巨型动物消失之谜

　　澳大利亚巨型有袋类动物、爬行动物和不会飞的巨鸟在距今6万～4.5万年前之间相继灭绝，巨型动物群灭绝的原因几十年来一直是研究人员激烈争论的一个重要课题。一种理论认为，大约2.1万年前最后一次冰河时代的来临，是造成巨型动物灭绝的主要原因。另一种理论认为，澳大利亚巨型动物，包括3米多高的袋鼠和重达半吨的不会飞的恐鸟，在人类到达澳大利亚的大约同一时间里灭绝，他们说，"如果人类没有在那时候到达澳大利亚，我们今天还有可能一睹这些昔日庞然大物的风采"。那么，最近发现的一具巨型有袋动物的完整骨骼能为我们释疑解惑吗？

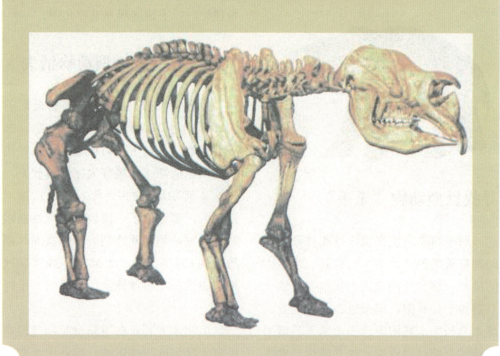

在远古时代，世界各大洲都生活着一些体形超大的独特的巨型动物，从新西兰不会飞的恐鸟，到北美的猛犸象，都是称霸一时的庞然大物。那时的澳大利亚还是许多奇特巨型动物的家园，从袋狮到短脸袋鼠，从巨型鳄鱼到巨蜥和雷鸟等。这些巨型动物的体重通常在44千克以上，一种被称为"丽纹双门齿兽（Diprotodon optatum）"的巨型袋熊的体重甚至达到了3吨。这些原始巨型动物最古老的祖先可以追溯到2 400万年前，但那时它们还只是一种体形较小的动物，后来才渐渐演化成体形庞大的巨型动物。

距今6万～4.5万年前，几乎所有这些巨型动物都渐渐消失了，虽然一些体形较小的物种也在同一时期消失，但引起科学家特别关注的却是那些大家伙的消失之谜。

寻找巨型动物"杀手"

对于科学家们来说，寻找导致巨型动物群灭绝的"杀手"一直是一个巨大的挑战，部分原因是因为保存完好的化石数量十分有限，但最近在澳大利亚北昆士兰州莱卡特河附近出土的一具近乎完整的有袋动物骨架，也许能给研究人员提供找到这些问题答案的线索。

这具有袋动物的骨架高度近两米，是澳大利亚已发现巨型动物化石中最大的。2010年，澳大利亚一个研究团队在昆士兰弗洛拉维尔附近的古河道沉积物中发现了多块巨型动物的遗骨，他们意识到其中可能隐藏着完整的巨型动物骨架。经过一段时间艰苦的发掘，2011年，研究人员成功地发掘出了一具巨型有袋动物的骨架，更令人感到振奋的是，正如所预期的那样，这是一具近乎完整的有袋动物骨架。从古河道沉积物中获得的化石样本已被送去进行年代测定，古生物学家认为，如果这具骨架的年代小于6万年，也许就有助于找出导致巨型动物消失的"杀手"，揭开巨型物种群灭绝之谜。

关于巨型动物灭绝的原因一直是研究人员激烈争论的重要课题，存在着各种理论，以下摘选部分进行介绍。

气候变化导致巨型动物消失

巨型动物在地球上生存的最后时期，正是冰河期最冷的一段时期。冰芯记录表明，过去40万年里，地球经历了四次冰河期（也被称为冰河时代），每次冰河期历时约9万年。每两次冰河期之间，都穿插了一段较短的气候温暖时期（也被称为间冰期），每次间冰期历时约1万年，而"大冰期"或"盛冰期"指的是北半球冰盖层最厚的一段时期。

虽然澳大利亚在更新世时期并没有受到大陆性冰川的影响，但在大冰期时

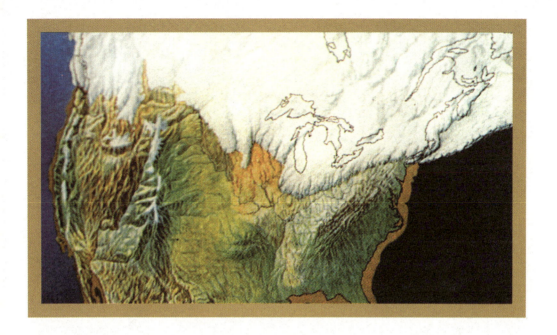

期，这片大陆也受到了这一时期地球极端气候的影响，包括气候的极度干燥和极端寒冷的天气，最近一次盛冰期持续时间从2.2万年前到1.9万年前，由于冰盖的蔓延，世界各地海平面下降，地球气候也变得极为干燥。降雨量水平在整个更新世时期有升有降，但总的来说，长期干旱的趋势导致形成了末次盛冰期异常干旱的气候条件。

在这段时期里，澳大利亚的气温下降了8℃，降雨量只有如今的一半，而风力则是如今的两倍之强。尽管冰盖只覆盖了澳大利亚的一小部分地区，但降雨量的减少和干燥的大风对生态环境造成了巨大的影响，形成了许多大大小小的沙丘，遍布在澳大利亚大陆70%以上的地区。有科学家认为，气候变化有可能对生物群产生了巨大而可怕的影响，使巨型动物群的生存空间不断被压缩。这种理论认为巨型动物的数量在人类出现之前已呈现出急剧减少的趋势。

也有科学家对巨型动物消失的气候因素提出了异议，他们认为，巨型动物已经度过了之前几次冰河期的严峻考验而活了下来，没有理由因气候原因而全部消失。但支持者指出，这最后一次冰河期的干旱程度是难以想象的，巨型动物消失的时期正值4.5万年前澳大利亚大陆干燥气候达到极端程度的一段时期，这种气候条件之严酷被描述为"日渐严峻"，而之前人们可能低估了它的影响。

大型哺乳动物灭绝与原住民燃烧野火有关

一项研究发现认为，澳大利亚数量庞大的史前巨兽的整体灭绝可能与原住民燃烧野火有关，而不是因古气候变化造成的。

该研究认为，被称为"巨型动物"

的史前猛兽，包括袋狮、巨型袋熊和袋鼠等，几万年前栖居在澳大利亚中南部地区的纳勒博平原上，在灭绝之前，它们已经很好地适应了当地极为干旱的气候条件。然而，这一时期恰好是原住民抵达澳大利亚的时间，这一时间上的吻合不得不让一些科学家产生一些想法：巨型动物是因人类活动而导致灭绝。这些动物的灭绝与原住民为了控制植被而点燃大火有关，原住民的这种做法在澳大利亚的其他地方也得到了证明。巨型动物对冰河时期变幻莫测气候的适应能力极强，它们只是在人类到达之后，才从大自然的景观中消失的。

研究人员从没有树木生长的平原下的几个洞穴中发掘出一些远古动物骨骼化石，包括有近70种哺乳动物、鸟类和爬行动物，其中包括首次发现的袋狮的完整骨架。对此，有科学家猜测，远在人类到达澳大利亚之前，一些运气不好的动物从地面上的竖坑中不幸掉落到地下洞穴中，被困在里面最终死亡。随着时间的推移，这些竖坑被填满封住，一部分化石得以很好地保存下来。这些化石让我们跨越时空得以一瞥远古时期澳大利亚地区最为干旱的那一段历史。

令人惊讶的是，50万年前的气候与今天非常相似，当时的降雨量与现代也很相似。

人类大肆捕猎行为造成巨型动物消失

　　之前一些科学家认为，澳大利亚巨型动物数量急剧减少的时期正好与当地原住民于大约6万年前抵达此地的时间相吻合，原住民在到达澳大利亚之后的1.5万年时间里大量捕杀巨型动物，最终导致这些动物整体灭绝，而且由于火的频繁使用，还导致了当地植被的重大变化。还有人认为，澳大利亚原住民有选择性地狩猎巨型动物幼兽，仅在几千年的时间里，就导致了巨型动物的整体灭绝。

　　但也有科学家认为，最早在澳大利亚定居的人类没有尖矛和猎犬来协助狩猎，没有使用任何工具来改变土地植被情况，也没有发现频繁焚烧土地的

证据，这表明，当地土著人的行为并不足以改变当地生态环境，也不足以造成巨型动物群的整体灭绝。有证据表明，澳大利亚北部过着狩猎采集生活的当地土著人曾与巨型动物共同生存了一段时期。据认为，这些原住民是由印度尼西亚来到澳大利亚的，当时的印度尼西亚也有许多当地的巨型动物物种，这些巨型动物大多数在人类出现之后还生存了很长一段时期，比如科莫多巨蜥，一种身长3米的蜥蜴，它们在火山喷发、气候变化的严酷条件之下，以及在直立人和现代智人到来之后，仍然生存了很长的一段时期。其他一些巨型动物，如貘、马来熊（也叫太阳熊）和巴厘虎，在人类入侵之后也生存了下来。

庞大体形是导致巨型动物灭绝的决定性因素

巨型动物灭绝的原因，如果只用某个单一因素来解释，可能会过于简单化。一些科学家认为，气候变化的影响和人类活动所起的作用综合在一起，导致了巨型动物群的消失。

科学家在澳大利亚西南部地区的一个洞穴里发现的巨型动物遗骸化石可追溯到4万年前，而在附近一个洞穴里还发现了4.9万年前的人类遗骸。有科学家认为，巨型动物的灭绝早在1.8万年前的极端气候时期就已经开始了，气候变化造成巨型动物数量的大量减少，而人类的到来则可能是导致它们全部灭绝的决定性因素，成为"压垮骆驼的最后一根稻草"。

该理论认为，巨型动物灭绝可能与它们的庞大身体有关。像今天的大型食草动物一样，巨型动物的生存需要充足的食物和水，在末次盛冰期地球极端气候的严酷条件之下，厚厚的冰层封住了地球上大部分的水，植被也大量减少，其结果是，剩下的植被和水源根本无法维持胃口极大的巨型动物的生存需要。随着气候变得越来越干旱，巨型动物所依赖的植被资源和水源也渐渐枯竭，巨型动物的体形可能是导致它们最后灭绝的关键。

巨型动物庞大的体形同时也影响了它们的生殖率，限制了可能产生后代的数量，而缓慢的生长和繁殖率降低使得它们更难以应对日益恶化的环境条件。干旱的气候以及庞大体形对食物的需求，将一些巨型动物驱赶到最后留存下来的有植被和水源的"孤岛"上，如果说此时巨型动物的生存能力已经变得相当脆弱，那么能够捕猎巨型动物的强大人类的到来，无疑是雪上加霜，最终将这些巨型动物逼到了绝路上。

像恐龙一样，巨型动物的消失，也留下了一个令世人迷惑的不解之谜。

（林声）

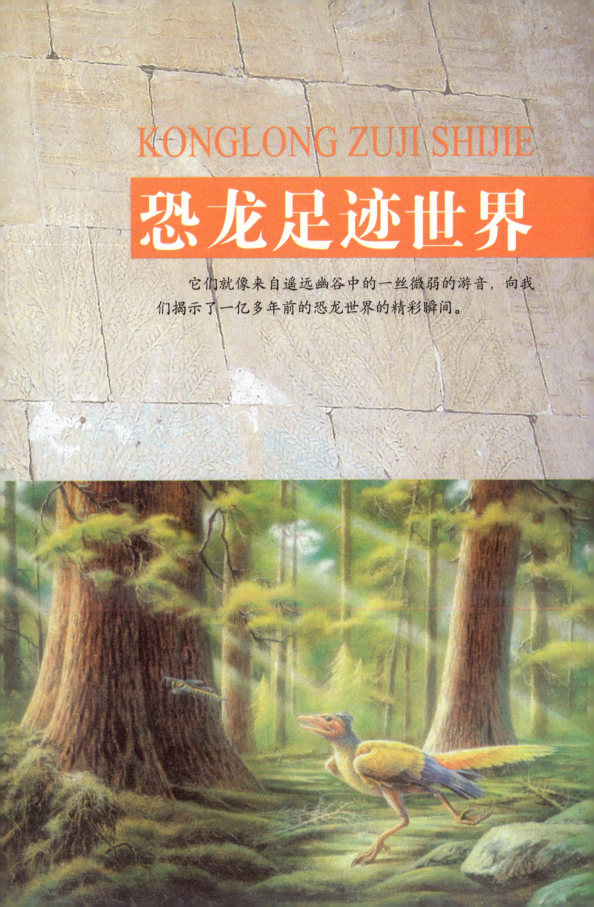

KONGLONG ZUJI SHIJIE

恐龙足迹世界

它们就像来自遥远幽谷中的一丝微弱的游音，向我
们揭示了一亿多年前的恐龙世界的精彩瞬间。

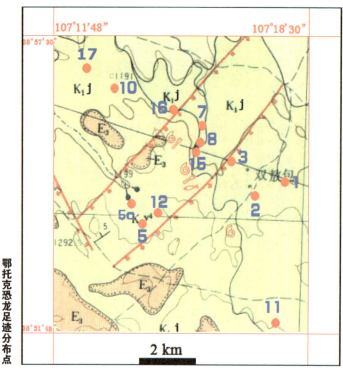

鄂托克恐龙足迹分布点

2 km

恐龙足迹保护点共16个，另有1处为疑似恐龙足迹点。蜥脚类恐龙足迹化石在自然界保存下来的很少，而在鄂托克旗蜥脚类恐龙足迹不仅密集，还可以看到成年恐龙和幼年恐龙组成的生物群活动的生动景象。可以想象，在遥远的中生代时期，鄂托克旗的土地上曾经群龙相守、龙鸟共存，是一个名副其实的恐龙的家园。

下面，让我们跟随北京自然博物馆和鄂托克旗恐龙足迹保护区的专家们去鄂托克旗看看。

拐弯的足迹

每当雨季过后，河床上便会冲刷出很多新鲜出露的恐龙足迹。

20世纪50年代，在内蒙古鄂托克草原上查布苏木的牧民们惊奇地发现，在放牧羊群的草地上散落着一些神奇的足迹。他们以为是天上的神鸟飞落人间，是吉祥的象征。

直到1979年夏天，中科院沙漠研究所的专家在内蒙古鄂托克旗西南部的查布地区进行地质调查时，意外地发现了28个足印，初步推测是由4个恐龙个体活动时留下的。自那以后，国内外专家纷至沓来，对该地区的恐龙足迹进行考察。据初步估算，从1979年至今，在这里已经圈定了500多平方千米的恐龙足迹分布区，发现的恐龙足迹的数量之多、类型之丰富堪称"中国之最"。特别是在鄂托克旗查布苏木以西10～20千米的范围内，过去10年中已经确定的

恐龙究竟是独居还是群居？这是一个热门话题。人们往往通过发现恐龙骨骼化石群来寻找答案。但是，在很多情况下，这些骨骼化石群是经过流水搬运后才到达低洼的地形处聚集起来的，并不能以此判断恐龙是独居还是群居。那么如何才能真实地了解恐龙的独居或群居行为呢？近年来，恐龙的独居或群居行为，成为恐龙足迹学研究的一个重要领域。

每当雨季过后，在鄂托克旗恐龙

在小型蜥脚类恐龙足迹旁拐弯的一串兽脚
类恐龙足迹

兽脚类恐龙拐弯奔跑的模拟

命名为洛克里查布足迹的化石

兽脚类恐龙追逐蜥脚类恐龙的情景模拟

足迹保护区的5号足迹化石保护点，河床中便有被河水冲刷出的很多新的恐龙足迹，而且随着河床渐渐变宽，还不断有新的足迹暴露出来。如此一来，这里成为国内恐龙足迹分布最广泛、最丰富的一个点。不仅如此，与国内其他恐龙足迹点相比，这里发现的多条连续的足迹被称为"行迹"，也十分罕见。据统计，仅在5号足迹化石保护点，已发现的不同地层层面上的恐龙足迹就有约400个。在这些足迹中，不仅有肉食性的兽脚类恐龙的足迹，也有植食性的蜥脚类恐龙留下的大而连续的足迹。这表明，恐龙不仅是群居在一起的，而且兽脚类恐龙和蜥脚类恐龙可以同时共存。颇为奇特的是，在一处小型蜥脚类恐龙的足迹中，发现了一串共15个兽脚类恐龙的拐弯的足迹。这该如何解释呢？或许是一只肉食性的兽脚类恐龙正在行走时，突然看到了一只受伤的植食性的蜥脚类恐龙，于是它立即改变行进方向来到这只蜥脚类恐龙的身边，几番撕扯后，使其成为自己的口中之食。

透过这些足迹，我们仿佛目睹了中生代不同食性恐龙群居相处的场景：虽然偶有相互角逐争斗的情形发生，但在衣食无忧的日子里，它们更多的是相安无事地生活在一起。

连续的行迹
究竟是群龙相斗，还是群龙嬉戏？

在8号足迹化石保护点，先后一共清理出347个恐龙足迹，其中包括蜥脚类恐龙的足迹283个，兽脚类恐龙的足迹64个，规模之大在国内外均属罕见，其中还有长度达1.18米的足迹。如此巨大的足迹，经测量判断其应该是最大的植食性蜥脚类恐龙——雷龙留下的。在这里还发现了迄今已知的最大的兽脚类恐龙足迹，最长达58.2厘米。

有一种2006年才被发现的兽脚类恐龙足迹，被命名为"洛克里查布足迹"，以感谢美国的足迹学研究权威、科罗拉多大学教授马丁•洛克里为研究查布恐龙足迹所做的大量工作。

在这个保护点，保存下来的绝大多数足迹化石都属于植食性的蜥脚类恐龙，多数杂乱无章，仅保存有单步和复步的足迹，但也有一处连续行迹被保存了下来，非常难得。

众多的足迹化石在向人们传递着这样的信息：查布地区在恐龙生存的中生代，成群的蜥脚类恐龙和少数兽脚类恐龙生活在一起。杂乱的蜥脚类恐龙足迹和连续的兽脚类恐龙足迹似乎表明，前者在后者的步步紧逼之下无助地徘徊。足迹背后的真相究竟是群龙相斗，还是群龙嬉戏？目前还不得而知。

狂奔的恐龙
如果和人类奔跑速度相比，它的速度远远超过百米世界冠军纪录！

过去人们都认为食肉的霸王龙的奔跑速度很快，但有谁见过奔跑的霸王龙呢？在5号足迹化石保护点意外地发现了一串共5个足迹，基本位于一条直线上。经研究，它们的造迹恐龙应该是一只小型三趾型的兽脚类恐龙。在鄂托克旗的其他恐龙足迹点也曾发现过这种小型肉食性恐龙的足迹。不过，令人感到奇怪的是，以往发现的这类足迹的间距一般都很小，而这次发现的这组足迹的间距却大得惊人，达到2.8米！

经测量，这组恐龙足迹每个长28厘米，完整的一步长约5.6米。这样一来，一步长和足迹长的比值达到了20（比值越大说明恐龙行走的速度越快）。

按照国际上通用的推导公式计算，这组足迹反映出当时这只恐龙的奔跑速度为每小时43.85千米。这简直就是在狂奔。如果和我们人类奔跑的速度相比，它的速度已经远远超过百米短跑世界冠军纪录了！

这只恐龙为什么跑得这样快？有人认为有可能它是突然看到了猎物，为追逐猎物而加速快跑。但人们更相信这是一种逃生所为。推测它可能是在受到更大的恐龙的惊吓后，为了活命仓惶逃跑，而它在瞬间产生的速度难得地被足迹保存了下来。一般认为在动物世界中，如此的飞速行走，求生的可能性应该大于求食。对于小型兽脚类恐龙来说，像这样的速度，不到万不得已是很难发挥出来的。

费解的"大坑"

这些两米以上的连续的大坑究竟是何物留下的？

在鄂托克旗恐龙足迹分布区中，还发现了一个规模庞大的疑似足迹点。之所以说它"疑似"，是因为到现在为止

①一串由食肉的兽脚类恐龙留下的三趾型足迹

②跑得最快的三趾兽脚类恐龙足迹测量

③跑得最快的兽脚类恐龙的奔跑情景模拟

③

规模庞大的大坑

与人相比，难解的大坑究竟为谁所为？

还难以形成定论。那里有很多个连续的直径在两米以上的大坑，最大的一个大坑直径竟然达到了3.6米！它们是由何物或者说是怎样留下的呢？

这些大坑的深度都超过50厘米。从岩层的纵向观察，表面的砂岩层受压弯曲，将下面的岩层挤压成了透镜体状，这表明这些大坑的形成时间比较早，和下面的砂岩层的形成时期是一致的，而这层砂岩层正是恐龙足迹保存最多的层位，属于恐龙时期。据此推测，这些坑有可能就是一只超大型蜥脚类恐龙从这里走过时留下的足迹。不过，现在已经无从知道它究竟属于白垩纪早期的哪种类型。

调查人员曾就此同马丁·洛克里教授交流过，但他说很难置信这是恐龙的足迹。

这片奇怪的"大坑"现在已经被保护起来了，目的是防止进一步遭到风化或破坏。它们究竟是什么动物的足迹？或仅仅只是一种地质现象？还需要做进一步的探索。希望将来有一天我们能破解这个谜团。

恐龙的脚垫

在一些足迹上还保留有清晰的脚垫印记。

在3号足迹化石保护点，调查人员发现了16个分布略显零乱的三趾型兽脚类恐龙足迹，分布呈两条行迹，偶尔还能看到类似尾迹的印痕（尾巴拖拉地面留下的印痕）。据分析，这16个足迹应该是由同一只恐龙所留，足迹长度在37～40厘米之间。奇特的是，在这些足迹上保留有清晰的脚垫印记。

足迹中的脚垫印迹及现场情景模拟

对大象而言，脚印中最为清楚的是脚垫，因为大象的脚垫比较发达。对恐龙而言，除了大型蜥脚类恐龙的足迹有明显的脚垫外，兽脚类恐龙的脚垫印痕并不多见，这是因为兽脚类恐龙的脚垫很小或不发育。保留有脚垫印迹的足迹化石有助于进行足迹类型鉴定。

鸟类足迹

在恐龙足迹里居然还混杂有密密麻麻的鸟脚印儿！

在鄂托克旗，其实很早就发现过4～5厘米长的密密麻麻的小型三趾足迹，而且其中穿插着很多兽脚类恐龙的足迹。在这里还没有发现鸟类化石之前，科学家还不敢确定这些脚印究竟是鸟类的还是小型兽脚类恐龙留下的。直到后来在鄂托克旗先后发现了两件鸟类骨架化石（被分别命名为"鄂托克鸟"

和"查布华夏鸟"）后，调查人员对比研究了鸟骨架化石和这些小型三趾足迹化石周围的岩石的岩性（岩性是指反映岩石特征的一些属性，如颜色、组成成分、结构等），发现它们的岩性是一致的，于是才大胆地判断，在白垩纪早期，这里的确生活着鸟类。

鸟类足迹的保存一般有这样的特点：保留足迹的密度较大，而且方向不一致，没有明显的类似恐龙足迹那样的完整连续的行迹。我们发现的密密麻麻的小型三趾足迹，比较符合鸟类行走或停留的特征。

我们尝试分析了这批鸟类足迹，初步判断这种三趾的鸟类足迹与现生的鸻形目中的金眶鸻的足迹最为相似。金眶鸻是一种在水岸边生活的涉禽。据此我们推测，在白垩纪早期，鄂托克旗一带水草丰美，地上行龙，空中飞鸟……

① 砂岩上密密麻麻的鸟类足迹

② 与鄂托克鸟相对应的足迹化石的形态

③ 现生的金眶鸻与它行走的足迹对比

铸模化石

在被河水冲刷成直立的河岸边幸运地发现了恐龙足迹铸模化石。

调查人员还在5号恐龙足迹保护点附近的被河水冲刷成直立状的河岸边，幸运地发现了恐龙足迹铸模化石。调查人员还是头一回看到恐龙足迹铸模化石。恐龙足迹铸模的形成过程是这样的：一只体重达几十吨的恐龙将它深陷淤泥的一只大脚费力地拔出来，难得的巧合是，在它拔出脚后，留下的坑没有垮塌，而且没过多久就被泥沙灌满，然后逐渐石化，最终形成今天我们所看到的足迹铸模化石。这些铸模化石实在是

上天造物，在国内外都是十分罕见的。

由于河水的冲刷和下蚀作用，在河岸边形成了一个垂直的剖面，这些大型铸模才被暴露出来。这串以铸模形式保存下来的恐龙足迹化石形成一条行迹，调查人员推断它们是由大型蜥脚类雷龙留下的。

何谓铸模化石？这是化石保存的一种类型。已发现的铸模化石大多为生活在海洋中的无脊椎动物留下的。

在这里有5个清晰可见的足迹铸模，深约70厘米，充填其中的岩石是黄白色的砂岩，与上部的岩层岩性相同。这串足迹铸模化石简直就是一个类似实物骨骼化石的立体脚印化石，不仅可以

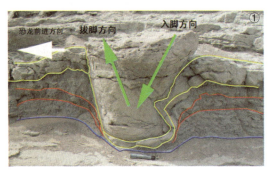

① 足迹铸模所反映出来的恐龙行为

② 河床中连续的足迹铸模化石

③ 足迹铸模的形成模拟

反映恐龙足迹的大小和形状，还直观地显示了足迹的深度。经过深入的模拟分析，调查人员对这些恐龙铸模化石有了新的认识：它显示了恐龙是从哪个方向落脚，又是从哪个方向将脚拔出的，由此可以推断恐龙当时行走的方向；而从足迹的大小也可推测出这只恐龙的体形有多大。

在鄂托克旗恐龙足迹世界中的点滴发现，它们就像来自遥远幽谷中的一丝微弱的游音，向人们揭示了1亿多年前这里的恐龙世界的精彩瞬间。鄂托克旗恐龙足迹化石中还隐藏着很多秘密，还期待着不久的将来科研工作者能续写那些未完的故事。

相关链接：化石——地球历史的见证者

化石是保存在地质历史时期的岩层或沉积物中的生物遗体和遗迹。科学家们认为，化石首先应具备生物特征，如形状、结构、纹饰和有机化学组分等，或者是能够反映生物生活前活动而遗留下来的痕迹。假如地球历史是一部书，那么化石就是镶嵌在文字中的图片，它们不仅能生动地注解神秘的史前世界，而且其本身也是地球历史的见证者。

古生物学家根据化石的成因，把化石划分成以下几类。

实体化石

人们曾经在西伯利亚第四纪的冰冻土层中发现了巨大的猛犸象，这些庞然大物不仅保存了完整的骨骼，连粗厚的皮肤、长长的体毛，甚至胃内的食物都保存了下来。现代科学认为，巨厚的冻土地带可以使动物的遗传基因不受到任何破坏，甚至有可能通过克隆的方法赋予这种动物第二次生命。后来，科学家们又在波兰发现了完整的披毛犀。所有这些实体得到保存的化石都是实体化石，实体化石通常保存了动物、植物遗体的全部或绝大部分（特别是坚硬的骨骼部分），既有研究价值，又有观赏价值，是一种很珍贵的化石。

铸模化石

动植物遗体在保存为化石的过程中，通过挤压作用在地层的岩石表面留下的印模、铸型等称作铸模化石，这种化石能清晰地显示生物硬体表面的精细结构，可以划分出若干类型，其中印痕化石最常见。

遗迹化石

顾名思义，遗迹化石主要是动物在生命活动中遗留下来的痕迹或遗物，前者如爬迹、足迹等，后者如粪便、蛋等，恐龙足迹和恐龙蛋就是经过漫长的地质作用形成的著名遗迹化石。遗迹化石是研究动物生活习性及生命活动的重要证据。不要小瞧这些化石，科学家们已经赋予这些地球历史的见证者众多的使命。

（张玉光 张笠夫 李建军）

BAOLONG"SU" CHENGMINGJI

暴龙"苏"成名记

自1905年被命名以来，暴龙就成为最被人关注的恐龙之一。1990年，第一具完整的暴龙化石"苏"被发掘出来，此后，在经历了一场长达十年的激烈争夺战后，它变得越来越出名。最后，"苏"带着一身的传奇尘埃落定，在博物馆里与游客见面了。

重见天日

在美国南达科他州有一片印第安保留地——夏延族保留地。夏延人是北美开拓史上声名显赫的印第安部落，骁勇善战，曾与其他部族的印第安人一道纵横北美沃野。随着白人势力不断扩张，这些印第安部族逐渐衰落，夏延人就在南达科他州和怀俄明州定居了下来。保留地的生活十分清贫，人们主要以畜牧业和种植业为生，不过有时也发点意外之财，比如找到化石。

恐龙化石曾经被印第安人当成"大蛇"的遗骸顶礼膜拜了很多年，为了保卫这些"大蛇"遗骸，印第安人与前来收集化石的古生物学家发生过多次流血冲突。到了现代，印第安人不再担心被白人驱赶，他们逐渐开始明白：这些化石是能给他们带来财富的。1990年，一位名叫威廉姆斯的印第安农场主就写信给黑山地质研究所的负责人拉尔森，邀请他到自己的农场来挖化石。

四岁时就开始"玩"化石的拉尔森，不仅是古生物学家，还是从事化石生意的商业"化石猎人"，当时在古生物界已小有名气，是追猎暴龙的世界第一人。他的黑山地质研究所成立于1974年，是一家为博物馆和收藏家提供"博物馆级别"化石、化石复制品、矿物标本，以及地质教学、矿物勘探和筹备展览等服务的机构，以研究恐龙等古爬行类、古哺乳动物、翼龙、菊石、三叶虫的化石见长，尤

人们最初装架暴龙骨架时，由于无法把重达两吨的骨头组合成心目中的形象——灵巧如大鸟的凶残巨兽，只好将暴龙化石组合成直立而迟钝的模样，让暴龙的尾巴拖在地上，以此来协助支撑身体。那时候的暴龙，看上去活似一只"哥斯拉"（右上图）。直到1990年"苏"的发现，暴龙的庐山真面目才得以昭显。"哥斯拉"形态的暴龙是不可能成活的，因为它的脊柱承受不了这么大的负担。现在博物馆里陈列的暴龙的外观是：头呈低垂状，身体和地面平行，依靠巨大的骨盆作为支点，同时以尾巴作为平衡整个身体的配重。颈部被摆成一个大致的S形，这是依据最新的结论作出的改变（左上图）

以研究恐龙中的暴龙出名。

接到威廉姆斯的邀请信时，拉尔森正在费恩城附近的一个化石点挖掘化石，他带领他的队伍在那里已经挖了六个星期，但一无所获，正准备打道回府。见信后，他决定顺道到夏延保留地去碰碰运气。在拉尔森的团队中，有一个新加盟的女孩，名字叫苏珊，她11岁上学，读到高中辍学，开始为水族馆收集海洋动植物标本，据说她发现过前人从未描述过的新种。她同时也收集和加工内含昆虫的琥珀化石，把其中品相不错的卖给私人收藏家。不过，她总是把那些最好的标本，即业内人士所说的"博物馆等级"化石，以成本价卖给博物馆，这为她赢得了良好的声誉。在来到夏延保留地之前，苏珊从来没有挖掘过恐龙化石，仅仅听拉尔森讲了几次野外培训课而已。然而，幸运之神如此眷顾她，8月12日这一天，成为她人生的转折点。

这天天气不太好，一早就下起了大雨，但苏珊和她的爱犬依然按计划顺着夏延河畔寻找化石。雨越下越大，雨水汇成一道道小溪在地表奔流。苏珊发现河畔有一座十几米高的陡坡，就爬上去避积水。可当她爬上陡坡后，却被眼前的景象惊呆了！苏珊后来回忆说："它就在那儿！一整具暴龙骨架完全从地下显露了出来。它的脊椎骨很大，上面的关节非常清晰。我可以肯定，这只暴龙自白垩纪时起就没有挪动过地方。"

拉尔森闻讯赶来，他一看化石便预感到这可能是20世纪最伟大的暴龙发现。他欣喜若狂，当即向威廉姆斯征求

挖掘许可，并为后者开了一张5 000美元的支票。拉尔森和工作人员加班加点，仅用17天时间就将这具庞大的恐龙化石从岩石中发掘了出来。令拉尔森吃惊的是，这具化石长12.8米，高5.48米，比陈列在纽约自然历史博物馆中的那只暴龙还要高大，是当时世界上最大的暴龙。这只暴龙被命名为"苏"（苏珊的昵称），以纪念苏珊的这一了不起的发现。之后，苏珊被一连串的学校授予名誉博士头衔，跻身孟德尔（现代遗传学之父）、利维（发现第九个彗星者）和勒维特（发现周光关系者，周光关系指造父变星具有的光变周期和绝对星等之间的关系）等为科学作出巨大贡献的业余科学爱好者之列。

激烈争夺

化石很快被运回黑山地质研究所，工作人员立即着手进行清理。拉尔森说："这是我一生中最美好的时刻之一。"他知道这具化石的价值至少能达到数十万美元，他为自己捡了个大便宜而沾沾自喜，甚至宣布要专门建立一个博物馆，暴龙"苏"将成为镇馆之宝。然而，这位忙碌得疲惫不堪的古生物学家万万没想到，这具化石带给他的不是名和利，而是一连串的厄运。

当地一家报纸报道了这个重大发现，拉尔森在接受采访时不遗余力地吹嘘了一番"苏"的巨大价值，结果让看了报纸的威廉姆斯如梦方醒，意识到自己被拉尔森占了大便宜。不过，这位印第安人颇有点小聪明，他当初向拉尔森

隐瞒了一个至关重要的问题：几年前，他出于对经济利益的考虑，已经把这块土地交给联邦印第安事务署代管了。根据美国法律，如果印第安人将他们的财产交给联邦政府代管，就可以享受免税待遇，但这同时也意味着，地主如果想出售这片土地下面的埋藏品，必须得到联邦有关机构的准许。威廉姆斯当初既没有将这一切告诉拉尔森，也没有去办理有关的手续。

于是，觉得自己吃了大亏的威廉姆斯对外声明：他曾经告知拉尔森，因为农场的土地已经交给联邦政府代管，所以土地中发掘出来的化石必须得到政府有关部门的许可才能出售或出租。他还说，他和拉尔森根本就没有达成出售恐龙化石的协议。他辩解道："我曾经询问过拉尔森那张支票的用途，他含糊其辞，我误以为这钱只是用来换取我授权他在我的农场上寻找或者挖掘化石而已。"据此，威廉姆斯声称自己拥有这具化石的所有权，因为化石是从他的农场里发掘出来的。

美国联邦调查局探员拖走"苏"
（绘图/Bill Wester Firld）

威廉姆斯的背信弃义令拉尔森十分气恼，他当即聘请了律师并声称，支票上已经写明，支付威廉姆斯的款项是用于购买"兽脚类恐龙'苏'"的。

就在两人各执一词、互不相让的时候，当地印第安部族也闹了起来，他们认为化石既然是在保护区内发现的，部族理所当然就是化石的主人。围绕"苏"的法律纠纷就这样开始了。在一片争吵声中，黑山地质研究所继续紧锣密鼓地清理恐龙化石，为未来的展出作准备。

转眼两年过去了，1992年5月14日，黑山地质研究所的工作人员正像平常一样工作，忽然一阵由远而近的警笛声打破了这里的宁静。紧接着，50多名联邦调查局探员和国民警卫队队员闯了进来。他们出示了美国联邦驻南达科他州办公室的检察官斯格弗尔签署的命令，宣布：由于该研究所涉嫌非法发掘自然遗产，联邦政府要查封"苏"的化石标本和所有的档案，作为日后起诉的证据。随后，联邦探员和军队忙碌了两三天，将10吨重的化石和围岩，以及所有相关资料统统打包装箱，用军用大卡车运到南达科他州矿业技术学校的保险库里保存起来。

实际上，所有这一切都是美国联邦法院南达科他州分院的官员拜泰一手操纵的。他声称，有迹象表明拉尔森要出售"苏"，没收这具化石是为了保护联邦财产。黑山地质研究所一直从事化石交易，何以这次就被查封了呢？据猜测，这可能是威廉姆斯活动的结果，也可能是拜泰在看清局势后作出的决定。

真正的原因现在已无从知晓，但古生物化石作为"犯罪证据"被查封，这在全世界还是第一次，而且被查封的是被誉为"暴龙之王"的极其珍贵的完整化石骨架。

一石激起千层浪，这个事件引起了新闻界和公众的极大关注，各大报刊纷纷在头版予以报道。黑山地质研究所立即将地方法院告上司法部，称其错误行使法律，要求归还"苏"。拉尔森希望法院澄清，"苏"到底是托管土地的一部分，还是在土地中发现的私人财产。经过一番唇枪舌剑，地方法院作出裁定："苏"是威廉姆斯托管协议中的土地不动产的一部分，也就是说"苏"属于土地的主人，但在未得到美国内政部的允许之前，不得进行买卖。

黑山地质研究所败诉后并不服输，拉尔森层层上诉直到美国最高法院，冗长的诉讼一拖就是四年。在当时，有四方面的人在争夺化石：那片土地的主人威廉姆斯，夏延印第安部落，美国联邦政府，以及可怜的拉尔森。这件案子堪称美国历史上最混乱的民事案件，其结果也令所有人都大吃一惊——最高法院竟然宣布：无法作出裁决！

尘埃落定

这一事件最后惊动了白宫，时任总统的克林顿宣布："苏"属于那片土地的主人——威廉姆斯，这场争夺之战才落下了帷幕。"苏"在矿业技术学校的保险库里尘封多年后终于重见天日，倒霉的拉尔森却因此连遭不幸：他被控犯有154条罪状，检察官要求对他处以353年监禁！这场官司连续打了九个月，创下了南达科他州历史上最长诉讼的纪录。在众多古生物学家的救助下，拉尔森本来已经免于牢狱之灾，但心有不甘的拜泰又以拉尔森未申报4.6万美元税款的罪名，将其判处两年监禁。

"苏"的归属权尘埃落定后，它的去向又成了人们关注的焦点。威廉姆斯的确想通过"苏"谋利，他说："我不是古生物学家，况且我已经69岁了，早已没有青春可以奉献给科学研究，所以我应该享受化石带来的商业价值。"许多私人收藏者纷纷表示了对"苏"的兴趣，甚至有人喊出6 000万美元的天价，但最后却只有一名加拿大买家给出了较为正规的书面申请，这令希望大赚一笔的威廉姆斯大失所望。就在这时，苏富比拍卖行找到了他，提出了代理出售"苏"的请求。1996年，威廉姆斯同意由苏富比拍卖行带着"苏"参加纽约的拍卖会。

消息一出，立即引起了各界的巨大反响，许多古生物学家对此感到十分痛心，他们认为恐龙化石不应商业化，化石只有通过有关学术机构的有效保管才能发挥其真正的科学价值。参加拍卖会的买主可谓大腕云集，其中出现了芝加哥菲尔德自然历史博物馆的名字，这是美国一家著名的私营博物馆。拍卖会召开前，博物馆地质部负责人福林亲赴纽约查看"苏"。福林回忆说："我第一眼看到'苏'，就感觉如同见到了大钻石'希望之星'。它的头骨超过5英尺长，而且保存得相当完好。"

博物馆主席麦卡特与合作伙伴麦当劳公司进行了沟通，并成功地说服迪斯尼公司和一些私人提供赞助。在拍卖会上，"苏"的起价为50万美元，但仅八分钟后，芝加哥菲尔德自然历史博物馆便在麦当劳和迪斯尼的强大支持下以836万美元的天价成功中标。喜讯传来，博物馆上下一片欢腾，"苏"在重见天日七年后终于得以安家落户。此后，经过博物馆工作人员四年的精心修理及复原，"苏"于2000年5月17日正式与游客见面了。

如今，在芝加哥菲尔德自然历史博物馆，游客除了可一睹"苏"的真容外，还可以通过多媒体展示与"苏"全面接触——观看由电脑重组的"苏"的头骨动画，触摸仿制的"苏"的肋骨、上肢及牙齿，观看"苏"从被发现到搬至博物馆整个过程的录像带，网民也可通过网上摄录机与"苏"见面。

从1902年第一具暴龙化石被发现到现在，全球总共已发现了近30具暴龙化石。有古生物学家感叹说，暴龙并不像人们原先估计的那么稀少，因此"苏"

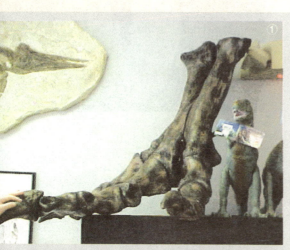

①暴龙后肢的爪子

②从头骨化石可以看出，暴龙是最凶猛的肉食恐龙

③"苏"被摆放在菲尔德自然历史博物馆最显眼的位置

的价值降低了。但是，无可否认的是，作为迄今为止最完整的暴龙化石，"苏"让人们第一次认识到了暴龙的真面目，它的传奇将永载史册！

1901年，美国自然历史博物馆的化石采集技师布朗在迈尔斯市的乔丹小镇发掘出一大堆骨骼化石，这些化石被运回博物馆后，经过布朗的老板奥斯本先生的认真研究，于1905年将先后发现的好几批化石命名为"暴龙"，属名Tyrannosaurus，拉丁文原意为"暴虐的蜥蜴"，种名为rex，意为"君王"。按照传统的叫法，它的全称应该是"君王暴龙"，不过在中国，人们一般称它为"霸王龙"。

迄至今日，暴龙仍然是已发现的曾经生活在地球上的最大肉食性恐龙之一，在发现暴龙之前，人们根本无法想象在地球上竟然生活过如此庞大的动物——身长达12.8米，身高5.48米，臀高约3.9米，整个身体构造简直就是专为袭击其他恐龙而设计的：1.55米的头颅长而窄，颈部短粗，身躯结实，后肢强健粗壮，尾巴向后伸直以平衡身体；前肢细小得多，仅有两只较弱的手指。暴龙两颊肌肉发达，口中密布着60多颗牙齿，形状类似香蕉，最长的竟长达30厘米，被称为"致命的香蕉"——其实这条"香蕉"有2/3以上是埋在牙龈里的，在其周围围绕着非常细腻的锯齿，它们的作用像小钩，当锯齿刺穿肌肉时，钩子能钩住肉的纤维并将其撕裂。

暴龙是高踞食物链顶端的肉食性恐龙，其颌部非常强壮且咬力超强。根据残留在一只三角龙盆骨上的暴龙

牙印，科学家推算出一颗暴龙牙齿的咬力约为6 400牛，整个上颌能施加的咬力为183 000～235 000牛。它们如此恐怖的咬力源于既强壮又能充当减震器的松散型头骨。在进食时，暴龙先用力将牙齿咬进猎物的体内，再用强大的颈部力量连肉带骨扯下一大块一起吞下。这种松散型的头骨在暴龙高强度的进食过程中起到减震作用，大大减轻了进食过程带来的冲击力，同时缓解了颌部肌肉和骨骼的疲劳。此外，暴龙的舌头巨大，在头骨中占有相当大的空间比例，上面可能长着肉刺，以方便刮干净猎物骨头上的碎肉。在暴龙的头骨前端有一个小孩子

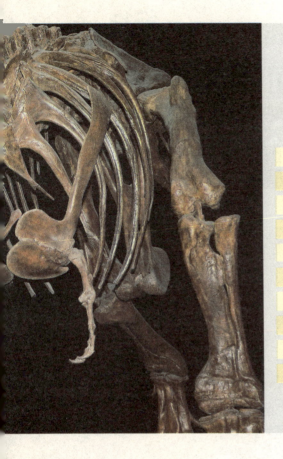

暴龙档案

中文名称：暴龙

拉丁文名：Tyrannosaurus

释义：残暴的蜥蜴

生存年代：白垩纪晚期

化石产地：加拿大艾伯塔省，美国新墨
西哥州、蒙大拿州、科罗拉
多州、怀俄明州，等

体形特征：长12.8米，高5.48米

食性：肉食

种类：新兽脚类

拳头大的空洞，那里长着一个巨大的嗅觉神经球，使暴龙能够闻到很远距离之外的腐尸或猎物的气味。除了嗅觉灵敏，暴龙的视觉也很敏锐，它们对颜色很敏感。

暴龙不能快速奔跑，只能以每小时18～40千米的速度行走，这是由它们巨大的体形所决定的。科学家研究发现，动物的体重越重，需要用于奔跑的腿部肌肉占体重的比例就越大。一只普通的鸡要奔跑起来，其腿部肌肉的重量只需要占全身体重的17%即可，而一头重达6吨的暴龙要想奔跑，其腿部肌肉的重量要占据全身重量的80%才行，这显然是不可能的，现存陆地脊椎动物的腿部肌肉重量一般都不能达到全身重量的50%。然而，这并不影响暴龙成为顶级杀手，它们凭借巨大的体形和咬力，在其他肉食恐龙全部灭绝之后开始独霸天下。

（邢立达　王申娜）

YILONG CHUANQI
翼龙传奇

　　这是一种奇怪的动物：看上去像鸟，有类似翅膀的构造，骨骼中空，但身上没有羽毛，嘴里还长有牙齿；它曾经称霸中生代的天空，但最终却没能躲过晚白垩世的大灭绝。

①奇怪的动物

在一个叫"乌尔禾"（意为"套子"）的地方，人们"套"到了中国的第一只翼龙！

②卵生的证据

翼龙是胎生还是卵生？长久以来，古生物学家围绕这个问题争论不休。

③成长的秘密

各种各样的翼龙有着各自不同的生活方式，其成长过程错综复杂。

④翼龙的"满汉全席"

翼龙吃什么？化石给我们提供了一些线索：它们吃鱼，甚至吃恐龙！

⑤灭绝之谜

尽管它们在进化上是如此进步，但最终仍没能躲过晚白垩世的大灭绝。

奇怪的动物

1964年夏天，新疆石油管理局科学研究所的一支考察队在内蒙古乌尔禾地区进行野外考察，任务是寻找无脊椎动物化石，为石油勘探提供线索。"乌尔禾"在蒙古语中的意思是"套子"，令考察队员们没想到的是，他们真的在这里"套"到了中国的第一只翼龙！

1964年7月18日，考察队队员魏景明在野外工作。黄昏时分突然狂风大作，一时间里飞沙走石，打在魏景明的身上劈啪作响，打得他的手和脸像被蜂蜇一样刺痛。他知道这就是长年肆虐于此的沙暴，于是赶紧躲到了一棵野榆树下。不经意间，他透过风沙看见在几十米远处仿佛有一大群动物顺风奔驰，这让他想起了传说中的戈壁狼群，吓得转身就跑……不知跑了多久，后面听不到声音了，他大着胆子往回看，这才看清楚，原来是几团逐风散飞的蓬蒿！

魏景明虚惊一场，正哭笑不得，一低头，却在身边一条被雨水冲刷过的小沟里发现了一块白色的肢骨化石。他顺沟往前走，又发现了两块肢骨化石。令他不解的是，这几块肢骨化石如此轻薄，明显不同于常见的恐龙化石。"难道是鸟？翼龙？"这个念头在魏景明的脑海里闪过。"如果真是古鸟或者翼龙，那可是了不得的发现！"

仔细观察后，魏景明判断这几块化石很可能从埋藏层掉落不久，于是继续往前搜寻。果然，他在不远处发现了化石埋藏点，在那里又挖出了几块肢骨。

"杨时中，过来帮忙，这里有一些有趣的骨头！"魏景明招呼在另一地点作业的同事杨时中过来一起挖掘。他们挖了不大一会儿，就发现了一块颅骨、一块下颌骨和一些椎骨。"果然是翼龙！"两人激动万分。

这些化石标本很快被送到了杨钟健院士的手中。杨钟健院士是中国恐龙研究的奠基人，也是中国古脊椎动物学研究的奠基者。他在看到这批标本后非常兴奋，认定它们的确属于一只翼龙。1964年，他发表了一篇论文，命名这种翼龙为"魏氏准噶尔翼龙"，将种名"魏氏"赠予了化石的发现者魏景明。

这是中国最早发现的翼龙。那么，世界上最早的翼龙是什么时候发现的呢？这就要追溯到18世纪了。

1784年，意大利自然学家科利尼被安排负责管理一批来自德国索伦霍芬的化石藏品（对古生物爱好者来说，"索伦霍芬"这个地名不会陌生。该地区在侏罗纪是一片潟湖，不同时代的各种生物遗骸沉积在湖底，被细腻的淤泥缓慢埋藏起来。由于潟湖底部的水含氧量极低，所以非常有利于化石的形成和保存，迄今在那里已发现了超过400种动植物化石，包括始祖鸟和翼龙化石）。科利尼在这批藏品中发现了一枚非常奇

翼手龙化石

特的动物化石：看上去像鸟，有类似翅膀的构造，骨骼是中空的，上下颌又细又长，但身上没有羽毛，嘴里还长有牙齿。这一发现让科利尼非常激动，他认定这是一个全新的物种，可能是一种两栖生活的海生动物。他将他的发现写成论文，画家瓦格勒为论文画了化石复原图，把这种未知动物复原成一种会划水游泳的动物。不过，看过标本的其他古生物学家并不认同这种推测，他们认为它应该是一种介于鸟和哺乳动物之间的奇特动物。

论文和化石复原图引起了居维叶的注意，他是比较解剖学和古脊椎动物学的创始人。凭借深厚的比较解剖学和动物分类学知识，居维叶在还没有看到化石之前就根据科利尼的描述认定，这是爬行动物中的一个全新类型——会飞的爬行动物，他将它命名为"翼手龙"，意为"有翼的手指"。他认为，翼手龙的前肢已经演化成为飞行器官，其功能与蝙蝠、鸟类和飞鱼等相似。

由于当时处在战乱时期，这块令居维叶望眼欲穿的化石直到1809年才送到他的手中。居维叶在仔细观察化石后指出，翼手龙有牙，而绝大部分鸟类特别是现生鸟类是没有牙齿的；翼手龙的上下颌骨是由几块骨头组成的，而蝙蝠等哺乳动物的颌骨是由一块齿骨组成的。所以，翼手龙既不是鸟类，也不是蝙蝠。

至此，人们终于认识到，在爬行动物征服陆地后，它的一个分支竟克服地心引力飞向了天空。

翼手龙化石复原素描图

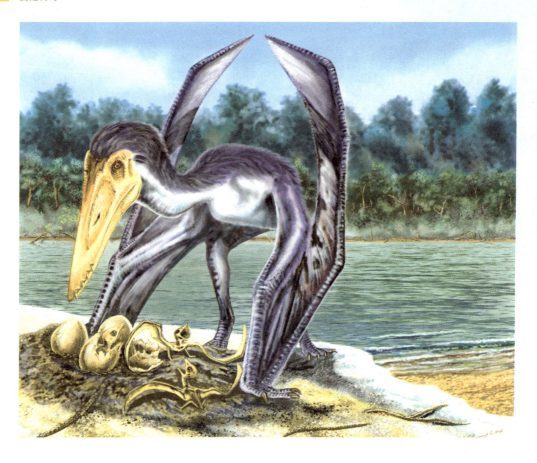

卵生的证据

对于翼龙的邻居——恐龙，由于在世界很多地方都发现了大量的恐龙蛋化石，而且还发现了恐龙胚胎化石，因此关于恐龙的卵生问题已是毫无疑义的了。那么翼龙是胎生的还是卵生的呢？长久以来，古生物学家围绕这个问题争论不休。直到2004年，中国科学家的发现才给出了确定无疑的答案。

最早的翼龙蛋化石记录可追溯到1860年。当时，人们在英格兰格洛斯特郡的一个采石场发现了一窝蛋化石，至少有8枚，每枚长44毫米，宽28毫米，壳厚0.3毫米，看上去颇为圆滑，里面充

满方解石晶体。发现者当时认为它们是爬行动物的蛋，并未把它们同翼龙联系起来。

1871年，又有一些蛋化石在英格兰牛津郡被发现，蛋化石呈球状，直径约19毫米。人们最初认为这些蛋化石是龟类蛋化石，但后来在同一地点又发现了喙嘴龙骨骼化石，于是便认为它们可能是翼龙蛋化石。到1928年，研究人员仔细观察这些蛋化石的蛋壳结构后指出，它们肯定属于爬行类蛋化石，但没有确凿证据可以将它们归于翼龙。

1989年，在美国得克萨斯州发现了一些化石碎片，被认为有可能是翼龙的蛋壳化石，因为在发现蛋壳化石的地点

曾经发现过风神翼龙（一种大型翼龙）化石。

时光飞逝，转眼到了2004年，或许是翼龙再也无法忍受保守秘密所受的煎熬，终于向我们展示了它们是卵生的证据——中国科学院古脊椎动物与古人类研究所的汪筱林研究员等人在《自然》杂志上发表了一篇描述翼龙胚胎化石的论文，令古生物学界为之震撼。

论文中描述的这个翼龙胚胎化石发现于辽宁省锦州市义县金刚山，保存得非常精美、完整，只有部分骨骼因后期受挤压略有错动、位移。翼龙胚胎静静地蜷缩在椭圆形的蛋壳中，蛋的最大长度53毫米，最大宽度41毫米。化石保存了部分头骨和几乎完整的头后骨骼。在粗壮的下颌中保存有两枚细长、略为弯曲的牙齿。翼龙胚胎的脊柱大致沿着蛋的长轴方向伸展，头部从一侧向后弯曲，与脊柱一起组成倒U字形。这种保存状态反映的可能正是翼龙胚胎发育过程中的原始状态。

这枚胚胎化石不仅保存了很好的胚胎骨架，而且还保存了近于圆形的乳突

状纹饰结构，这正是蛋壳和胚胎的直接证据。在化石上可以观察到同翼指骨保存在一起的翼膜纤维。在其身体的后部保存有大面积的皮肤印痕，上面清晰可见毛状皮肤衍生物的痕迹。这些结构也曾发现于宁城热河翼龙化石，表明这个胚胎将发育成一只带"毛"翼龙。翼龙胚胎的两翼展开约27厘米，而发现于德国索伦霍芬的刚出生不久但已具备了飞行能力的翼龙的两翼展开只有18厘米，可见它比迄今发现的最小的翼龙幼体还要大，如果长大成年，将是一只中型或大型翼龙。根据胚胎的骨骼及软组织结构推测，这种翼龙出生后不久即具备了飞行能力和自主觅食能力（与现今的早熟鸟类类似）。它被初步归于鸟掌龙科。

化石的许多特征都显示，这具胚胎已处在其发育过程的最后阶段，小翼龙即将破壳而出，飞翔于早白垩世的天空。

不久后，中国地质科学院地质研究所的季强研究员也在同一地点征集到一

翼龙胚胎化石

翼龙胚胎复原图

枚翼龙胚胎化石，虽然保存得不如前者完好，但完整地保存了头颅、牙齿和头后骨骼，表明这也是一枚即将孵化出壳的翼龙蛋化石。季强还观察到这枚翼龙蛋化石没有显示任何硬壳结构，其外层是一层极薄的、致密的"革质"结构，他因此认为翼龙蛋具有软壳结构。

说到这里，翼龙蛋的故事还没有结束，它们就像约好了似的要在2004年一同出来和我们见面。这年年底，美国洛杉矶自然史博物馆的古生物学家宣称，他们在阿根廷发现了一枚翼龙胚胎化石——一个未孵化的翼龙小宝宝蜷缩着身体，置身于厚约0.03毫米的薄蛋壳的保护中。小宝宝的形态构造与南翼龙极为相似，特别是那张可爱的、小刷子状的嘴巴。由于南翼龙是该地区发现的唯一的翼龙种类，所以可以确认这个胚胎属于南翼龙。南翼龙蛋的蛋壳非常薄，很可能是风化的缘故。研究人员在电子显微镜下观察发现，南翼龙蛋竟然是单

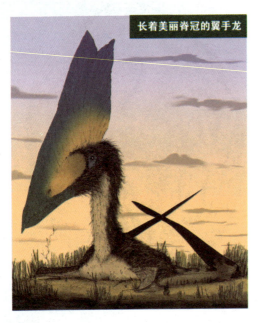

长着美丽脊冠的翼手龙

层构造，这与恐龙和鸟类不同，后两者的蛋壳均为多层构造，这说明翼龙比恐龙和鸟类更原始。

那么，翼龙蛋究竟是软壳还是硬壳？目前科学家倾向于前者，但也有一些反对意见，看来这个问题要等到发现更多的翼龙蛋化石后才能完全解决。不过，"软壳"与"单层薄蛋壳"或许可以解释为什么迄今为止发现的翼龙蛋如此稀少，为什么只在保存条件很好的地方才能发现翼龙蛋。恐龙、鸟类和鳄类都有着钙化比较完全的蛋壳（这一点你在敲鸡蛋时就可以体验到），相比之下，有鳞类、一些种类的海龟的蛋壳钙化不完全甚至缺少钙化层，它们的蛋壳很柔韧，有的甚至薄如羊皮纸。一般来说，蛋壳钙化程度越高，变成化石并保存下来的概率就越大。据此我们可以合理地推测，恐龙蛋化石最容易保存下来，然后依次是鸟类和鳄类蛋化石，而有鳞类和一些种类的海龟的蛋化石最难保存。

还有一个问题，翼龙蛋如何孵化？"软壳"与"单层薄蛋壳"对翼龙蛋的孵化有着相当大的差异。如果翼龙蛋是软壳，而不是像鸟蛋那样的硬壳，就意味着翼龙不可能趴在蛋上孵蛋，它们必须把蛋埋在松软的沙、土壤或草堆中，利用阳光和沙滩的温度进行孵化。如此来看，翼龙蛋至少需要两个月或者更长的时间才能孵化。

翼龙胚胎化石提供了决定性的证据，证明翼龙确实是卵生的。

成长的秘密

各种各样的翼龙有着各自不同的成长方式，其成长过程错综复杂。翼龙的一生通常要经历六个阶段：胚胎、发育、求偶、交配、生育和死亡。由于相关的化石证据非常稀少，我们在这里只能拼拼凑凑地尽量复原其貌，力求让你看到比较真实的翼龙的一生。

极端早熟的飞行能力

鸟类和蝙蝠通常要长到成年体或亚成年体大小才具备飞行能力，翼龙则不然，小翼龙似乎长到体长约为成年体的20%、体重约为成年体的5%时便具备了飞行能力。胚胎化石上翼指的大小比例和翼膜的轮廓都表明，小翼龙在出生后几天甚至数小时内便具备了飞行能力！

这一极端早熟的飞行能力暗示了两方面的重要信息。一方面，与以往我们经常在媒体上看到的翼龙喂养小翼龙的传统画面不同，小翼龙至少在破壳出生后就不再需要或者极少需要父母的照顾了，这与现在的大部分鸟类（尤其是具有飞行能力的鸟类）和蝙蝠都不同。另一方面，高度早熟的飞行能力可能会影响到对翼龙孵化大小的最小值限制，并由此影响到对翼龙成年体大小的最小值限制。简单地说，如果翼龙出生后过于娇小，那么其飞行能力就可能大打折扣，这可能正是为什么没有一种翼龙在成年后翼展小于40厘米的原因。

对翼龙化石的研究还表明，翼龙的骨骺线（未成年翼龙长骨的末端称为骨骺，是骨化的中心，也是长骨沿着纵轴生长的地方）闭合较晚，说明翼龙终生都在生长。在翼龙持续的生长期间，对飞行动物来说是至关重要的限制性因素，诸如体重、肌肉量、翼展面积等，都可能突破理论上的临界点，使之成为"巨无霸"。

2005年，英国和德国古生物学家根据在墨西哥发现的翼龙足迹，以及足足有12.7厘米宽的翼指骨化石，推测这种翼龙的翼展可达18米，差不多相当于两架欧洲"台风"战斗机或5只信天翁的翼展，这大大刷新了风神翼龙12米翼展的世界纪录。而陆续发现于以色列、约旦、巴西和罗马尼亚的翼龙化石也提供了翼龙翼展从12米到14米的跨越。古生物学家认为，翼展达18米的翼龙很可能是翼龙的超级长寿版。

求偶、交配与生育

迄今为止，我们对翼龙如何求偶还一无所知，全靠猜测。早期的喙嘴龙类可能通过展示硕大嘴喙上的花纹，或像现代雄性雉鸡类那样通过连续、快速地拍打翅膀发出声音来追求"意中人"。后期的翼手龙类则长出了美丽的脊冠，除了空气动力学的作用外，这些脊冠很可能是求偶或识别同类的标志，就像孔雀的尾巴、麋鹿的角那样。

求偶成功后，翼龙就该交配了。因为是爬行类，所以它们的生殖行为应该与今天的爬行类差不多。雄龙可能用简单的排泄腔或半阳具或发育完全的阳具授精，蛋则可能先在雌龙体内孵化一段时间，然后生下来，类似今天的雌性爬行类。不过，由于软组织极难形成化石，所以我们不可能知道翼龙内部或外部器官的真正构造，也不可能了解两只翼展达18米的风神翼龙如何进行交配。

关于翼龙的生育，我们还需要耐心地等待更多的化石证据。

充满变数的死亡

就像今天的任何一种动物一样，翼龙的死亡也充满变数，它们可能因被捕杀、残疾、食物中毒而死亡，幸运的则老死。那谁在捕杀翼龙呢？其实，飞龙虽然在天，但天敌也不少。且不说幼翼龙在完全适应飞行之前相当脆弱，就是成年体翼龙也常常受到威胁。

生活在海边的翼龙，其最大的天敌是海洋中凶猛的蛇颈龙类与沧龙类。比如克柔龙，这是一种生活在早白垩世的上龙类，身体长约9米，脑袋长约3米，长着一排排刀刃般的利齿，当仁不让地成为当时水中最恐怖的巨兽，足以捕杀任何一种它想捕杀的猎物，说不定这些长牙利齿的家伙会时不时地盯着在水面扑通扑通捕食的翼龙呢！

棘龙类捕杀翼龙复原图

还有就是陆地上的恐龙。古生物学家早就怀疑恐龙对翼龙具有相当的威胁，尤其是那些生活范围与翼龙交叉的肉食龙。2004年，他们的怀疑终于有了答案。法国古生物学家发现了翼龙沦为兽脚类恐龙的食物的化石证据——几块翼龙颈椎化石。化石主人的翼展约为3.3米。令人惊讶的是，在其中一块颈椎上有一枚尖锐的牙齿深嵌其中。经鉴定，这枚牙齿与棘龙类恐龙的牙齿相吻合。古生物学家据此复原当时的场景：这只恐龙在吃翼龙的腐尸或捕杀翼龙时，它的一颗牙齿断裂了。当初没有被恐龙全部吞下的这段翼龙脖子化石成为极为珍贵的铁证，证明了翼龙是棘龙类的食谱的一部分。

生活在非洲与南美洲的棘龙类属于兽脚类恐龙，长着鳄鱼般的脑袋、加长的大嘴和圆锥形的牙齿，前肢较小，要用后肢行走。从体格和满口利牙来看，它们肯定是和暴龙同样可怕的肉食性动物。长久以来，古生物学家根据棘龙类外观的最大特征——背部有一片可能用来调节体温的帆状背板，认为它们的身体结构适合于捕食鱼类，现在看来还应该加上翼龙。古生物学家甚至推测，棘龙类很可能经常捕食翼龙，因为许多翼龙像棘龙类一样捕食鱼类，它们有着相似的习性，都生活在海岸或内陆水体附近。当翼龙停留在地面时，棘龙类袭击它们并不难。在迄今发现的两种棘龙类——激龙和崇高龙中，基本可以肯定有一种就是掠食翼龙的"真凶"。

风神翼龙吃恐龙的复原图

翼龙的"满汉全席"

翼龙吃什么？迄今发现的化石大多数分布在海相地层里，这表明翼龙应该生活在海岸附近，就好像一些现代水鸟生活在海边。还有一些化石发现于欧洲、美洲与亚洲的陆相地层里，也即陆地湖泊沉积层里。这些地方都距离水源地不远，这就给我们提供了一个可能的生物链——翼龙吃鱼。不过，还有证据似乎表明：翼龙也吃恐龙！

对真双型齿翼龙、沛温翼龙、喙嘴龙、翼手龙和无齿翼龙的胃中食物残余物进行的分析证明，它们的最后一餐都是鱼类。比如，在一只真双型齿翼龙的胃里，发现了有着坚硬光亮鳞片的小硬鳞鱼；在一只喙嘴龙的胃里，发现了一条已经消化了一半的小刺骨鱼。

实际上，翼龙的头骨和牙齿都表现出适合吃鱼的构造。喙嘴龙的颌骨上长有径直向前的很长的牙齿，能迅速摄住光滑的鱼身。无论是有齿或无齿，许多翼龙的颌骨前端狭尖，侧面呈扁平状，末梢上覆盖有角质喙。颌关节的结构则显示翼龙可以把嘴巴张得很大——颌部肌肉组织由强健的内收肌组成，负责把下颌向上拉动，这对翼龙在飞行中捕食闭合嘴巴至关重要。还可以推测一些翼龙具有喉囊，当它们的嘴巴张开时，喉囊也跟着膨胀张开，就像现生的鹈鹕一样。食物可能储存在喉囊内半消化，等回到窝巢后再吐出来喂食幼儿。

当然，翼龙并不仅仅吃鱼。1943年，时任美国纽约自然史博物馆名誉馆长的布朗描述说，一只大型无齿翼龙的胃内食物残余物包括两种鱼类和一种甲壳类动物，这些残余物保存在翼龙的下颌骨附近。看来，当死亡突然降临这只翼龙身上时，这些食物刚好处于它的喉囊位置。

翼龙如何捕鱼呢？很可能是当其从水面掠过时，把长长的头部迅速伸入水中，用尖嘴夹住猎物。在捕食过程中，

喙嘴龙交错的牙齿

翼龙的尖嘴不时地探入水中，并在水里划过一段距离，以巡捕猎物。许多大型翼龙如脊颌翼龙等，在它们的上下颌处都长有脊状突，这显然有利于它们在探嘴入水捕食过程中劈开水面，减少水压。

翼龙可能还有一种捕鱼方式，就是在飞行中用下颌掠过水面，用其狭长的角质喙插入水中捕鱼。比如掠海翼龙，这种翼龙的脑袋线条流畅且窄小，下颌凸出，略长于上颌，其长喙上半部及下颌的组成方式就像剪刀。它们栖息在远古的咸水湖边，一边在水面滑翔，一边用遍布神经的下颌划过水面探测，一旦感到有鱼入口，马上关闭嘴巴。这有点像现生的剪嘴鸥，这是世界上唯一的下喙比上喙长的鸟类，它们觅食时贴着水面飞行，下喙插入水中，上喙在水面上，利用下喙捕鱼。

生活在早白垩世的准噶尔翼龙和惊恐翼龙有着自己的地域特色。它们的尖嘴如同钳子一般，牙齿非常强壮，应该具有碾碎能力。这两类翼龙如果不以硬鳞鱼类为食的话，则可能觅食一些软体

风神翼龙复原图

动物、蜗牛和蟹类。它们很可能先用强有力的牙齿咬碎猎物的坚硬外壳，然后取食里面的肉。这就像现生的岸禽类，它们多半在陆地与水域交界处的湿地上活动，觅食时把长长的嘴巴探进泥里，碰触到食物时再将其夹出。

到白垩纪，一些翼龙的进食方式发生了有趣的特化。梳颌翼龙长长的上下颌上长有约260枚又细又长的牙齿，这些牙齿排列紧密，便于从水中滤取甲壳类幼体或小鱼小虾等食物。最有趣的例子是南翼龙，它的下颌上长有一组刚毛状的长牙，看上去非常像须鲸类的长须，起着过滤器的作用，而它上弯的上颌就是过滤器的盖子。南翼龙用下颌滤起食物，再用上颌短钝的牙齿碾碎。这些过着滤食生活的翼龙很可能只能站立在水中缓慢移动或干脆不动，等小鱼小虾钻进滤器，就像现今生活在浅湖、海岸、盐碱湖及潮汐泥滩的红鹤。有一些复原图显示滤食性翼龙在飞行过程中觅食，这是很不负责任的推测，因为如果翼龙敢在飞行时拖网滤水捕食，那么它的下颌会受到相当大的阻力，势必引起飞行失速或脱臼。

那些巨型翼龙，如风神翼龙又以什么为食呢？这一直是翼龙爱好者关心的问题。曾有人提出，风神翼龙是食腐动物，以恐龙尸体为食。这不太靠谱，因为风神翼龙长长的颈椎决定了它不可能像现生的秃鹰那样，能自由弯曲脖子取食动物尸体的内脏。风神翼龙的喙嘴长而尖，像镊子一般，嘴里没有牙齿，这暗示它们可能是鱼食性的。反对者则提出，发现风神翼龙化石的地方距离海岸

线至少有400千米，因此风神翼龙可能用它那长长的尖嘴当探针，在河漫滩地上啄食软体动物和节肢动物。还有人认为，风神翼龙主要生活在陆地，可以幼年恐龙为食。对上述反对意见目前仍有争议，因为根据空气动力学，400千米的距离对风神翼龙而言是微不足道的，它们应该还是以鱼为食的。

还有一类翼龙是吃昆虫的，被称为"从天而降的昆虫猎食者"。就像现生的鸟类吃昆虫一样，占据中生代空中生态区位的翼龙肯定也会选择捕食昆虫，而且这种空对空攻击模式应该非常高效。吃昆虫的翼龙一般都是扁宽嘴的小型翼龙，比如蛙嘴龙、蛙颌翼龙和热河翼龙等，它们的头骨高而短，嘴里长有钉子般的牙齿，展开嘴时活像一张捕虫网，逆风兜过去，必有所获。根据化石研究，在这些翼龙的生活环境里确实有大量高蛋白质的昆虫，包括古蜉蝣、古蜻蜓、古蝉、古甲虫、古蜂和古蛾等。有古生物学家甚至推测，像蛙嘴龙这样的小型翼龙可能一辈子都呆在庞大的植食性恐龙如梁龙的背上，以吃这些巨龙身上的昆虫为生，它们终其一生，在比自己重15万倍的巨怪身上争斗、谋食、繁衍。这有点像现代非洲野牛身上的牛椋鸟，它们专吃牛身上的寄生虫。而一些长着长长尖嘴和小牙齿的翼龙可能在沙地觅食，就像现生的矶鹬一样，把长长的喙嘴戳进沙地洞穴里摄取环节蠕虫、小虾状的甲壳类和沙蚤。

有古生物学家认为，翼龙可能同时也吃植物种子，比如在我国发现的中国翼龙很可能就是食种子的。以种子为食的翼龙往往没有牙齿。有一类无齿的小型翼龙，嘴呈剪刀状，嘴吻与鸟喙一样，都长有角质的喙。从白垩纪开始，被子植物、高等有花植物相继出现，无数的植物种子除了依靠自然力如风、雨传播外，还需要动物的协助。当时鸟类正处于起步阶段，小型翼龙就是生力军，它们吃植物的果实和种子，然后通过排泄粪便来传播种子。

还要说的是，翼龙未成年体与成年体的食性可能不同。比如，晚三叠世的真双齿翼龙，其未成年体的牙齿几乎没有磨损，与成年体大不相同，可以推测这些未成年的年轻翼龙可能不是以硬鳞鱼类为食，而是吃昆虫的。

灭绝之谜

当演化至晚白垩世时，翼龙只剩下一

批没有牙齿的成员了，包括无齿翼龙科、夜翼龙科和神龙翼龙科。神龙翼龙科成员是存活到最后一刻的翼龙，其典型代表是风神翼龙——体积庞大，没有牙齿，高度特化，在天空中几乎没有天敌。然而，如此进步的翼龙仍然没能躲过晚白垩世的大灭绝，而与之同时期的一些其他爬行动物如鳄类和龟类等却幸存到今日。这是为什么？

我们只要大致观察就会发现，白垩纪、侏罗纪的鳄类和龟类，与现生的同类相比，身体结构并没有发生多大的改变。也就是说，在亿年的时光中，鳄类和龟类没有衍生出太多极端特化的新物种，即使有新物种，也没能完全取代较原始的族群。古生物学家推测，没有极端特化恰恰就是鳄类和龟类能够存活下来的一种策略，这使它们更易于根据环境变化进行自身调节——当环境发生巨变时，牺牲掉的只是那些特化的物种，较原始的族群依然能得到保全。

然而，翼龙的情况就全然不同了。到晚白垩世时，无齿的种群已经完全取代了有齿的种群，而且总体上都极端适应于当时的飞行环境，它们在空中几乎没有天敌，没有竞争对手。在这种一极独大的情况下，它们的演化更是肆无忌惮，体积不断增大，甚至达到了飞行动物的上限！无论是神龙翼龙还是风神翼龙，它们的翼展达到4～12米，一些年老个体或一些未知种类甚至达到了18米！在飞行速度方面，无齿翼龙的飞行速度达到每秒7～14米，泰坦翼龙、神龙翼龙和风神翼龙也大致如此，每秒5米的风速即可让它们起飞。

即使在今天的航空学家、空气动力学家看来，翼龙的这些飞行特性也是不可思议、不可模仿的。但是，演化至此，翼龙的长骨骨壁已经变得非常薄且中空，这使得它们难以承受过大的机械运动载荷，这也就意味着它们只能在适合自身骨骼结构的气候条件下才能生存，气候条件哪怕发生很小的一点改变都可能危及它们的繁衍数量甚至整个种群的生存。

而恰恰就是在晚白垩世，地球的两极和赤道开始出现明显的气温差异，开始有了四季更替。地球年平均气温约下降了10℃，全球变冷引起了平均风速的变化。与此同时，各大陆出现了海退，很多浅海干涸了，板块分裂影响了洋流系统，这些洋流系统直至今日仍然对气候产生一定的影响。可以想象，在一年中，长时间的大风季节变得越来越长，巨型翼龙在这种环境下很难飞行。为了适应新的环境，翼龙至少需要变小体形、加厚骨壁、重新获取拍翅飞行的能力。遗憾的是，生物的演化是不可逆的，退化的器官不可能再像以前那样重新发达起来，完全消失的器官更不可能再度出现——翼龙在自己建筑的死胡同里再也走不出来了。慢慢地，它们的种群数量开始减少，当整体数量下降到极限时，灭绝就不可避免地发生了。翼龙结束了其超过亿年的空中霸主的辉煌岁月，把万里碧空拱手让给了鸟儿……

（文：邢立达 图：北京寐龙主题探索中心）

恐龙长颈之谜

　　长有超长脖子的梁龙是恐龙家族的象征。梁龙属于蜥脚类恐龙，蜥脚类恐龙是所有种类恐龙中身躯最为庞大的，同时也是地球上有史以来行走在陆地上的最大动物。这些陆地巨无霸的体重甚至可达120吨。同样令人惊叹的是蜥脚类恐龙的长脖子，梁龙的脖子最长可达15米，是长颈鹿脖子的6倍。

蜥脚类恐龙是如何进化出如此长的脖子的呢？这个问题也正是古生物学家要探讨的。美国古生物学家马修·韦德尔和泰勒通过观察地球上的其他长颈动物，注意到一个明显的规律：所有陆地动物，无论是现在还生活在地球上的动物，还是已经灭绝了的动物，除了蜥脚类恐龙之外，它们的脖子长度都有一个极限，不会超过大约2.5米。这令他们感到好奇，由此开始了他们对恐龙长颈之谜的探索。

长颈溯源与比较

蜥脚类恐龙代表了恐龙早期进化的独特创新。最早的蜥脚类恐龙大约出现于2.4亿年前，没过多久就分道扬镳，分为三个大的族类：第一类是鸟臀目恐龙，后进化为食草类恐龙，其后裔包括三角恐龙和鸭嘴龙；第二类是兽脚亚目肉食性恐龙，这一类后来又分成了好几个不同的物种类别，包括恐龙、鸟类和几种长颈食草动物；第三类是蜥脚类恐龙，在2.1亿年前它们进化成体重达数十吨的庞然大物，它们笨重而粗壮的四条腿在地球大地上漫游了1.5亿年。

为了找出蜥脚类恐龙的脖子为什么这么长的原因，韦德尔和泰勒对其他长颈动物进行了分析，并将蜥脚类恐龙与恐龙的近亲鸟类和鳄鱼进行了比较。历史上灭绝动物的化石给科学家带来一个又一个惊人的事实，曾经生活在地球上的灭绝动物比我们想象中的更令人惊讶。一次又一次，人们修改了动物大小的极限，例如5米的翼展曾被认为是飞行动物的极限，但我们现在知道，会飞的爬行动物翼龙的翼展可达10米。最大的陆地哺乳动物是已经灭绝了的一种与犀牛很相像的长颈古犀，它们的脖子长2～2.5米。翼龙也拥有极长的脖子，如阿氏翼龙的脖子可长达3米。

目前生活在地球上的动物中，成年雄性长颈鹿的脖子最长，可达大约2.4米，没有任何其他动物的脖子能够超过这个长度的一半，例如，鸵鸟的脖子也很长，但通常只有大约1米。

模样像传说中尼斯湖怪的海洋爬行动物蛇颈龙，因为生活在水中，可借助于水的浮力支持自身的体重，它们的脖子可达到令人惊讶的7米之长，但远远不能与蜥脚类恐龙相比，只有蜥脚类恐龙脖子长度的一半不到。据韦德尔和泰勒推测，蜥脚亚目大型半水生恐龙超乎寻常的长脖子可能是继承了它们祖先的某种基因性状。

长脖子的第一个秘密：大嘴小脑袋的"吃豆小精灵"

最早的恐龙是两足动物，体形也并不十分庞大，从头部到尾巴总长也只有2米左右，但它们的脖子的长度却占到身体长度的约1/3。这些早期恐龙可能是什么都吃的杂食性动物，它们用牙齿啃食树叶和一些小动物，它们甚至还可以用牙齿撕裂一些大型猎物。但是，它们的牙齿并不十分适合咀嚼食物。在鸟臀目恐龙进化出可以用来碾磨植物性食物的强有力的牙齿之时，蜥脚类恐龙和它们的肉食性堂表亲兽脚亚目食肉恐龙仍然保留了它们祖先

各类物种颈长比较

① 鸵鸟（鸟类）：身高2米，颈长1米

② 长颈鹿（哺乳动物）：身高5米，颈长2.4米

③ 长颈古犀（哺乳动物）：身长5米，颈长2.4米

"囫囵吞枣"式的吞咽进食习性——泰勒和韦德尔认为，这可能是蜥脚类恐龙长颈之谜的第一个线索。

蜥脚类恐龙的进食方式很奇特，它们张开大嘴，将尽可能多的植物叶子塞进嘴里，它们的胃口有多大，取决于肠胃里的消化菌能吸收多少营养。韦德尔形容说："它们的脑袋好似一台张着大口的切草机，有点像经典游戏中的'吃豆小精灵'，可以说它们的小脑袋上突出的就是一张嘴。"10～15吨重的梁龙，它们的脑袋通常只有25千克重；25～40吨重的长颈巨龙，它们的脑袋只有大约50千克。

蜥脚类恐龙的脑袋小而轻盈，长脖子也能容易支撑起这样的小脑袋。蜥脚类恐龙进食时并不咀嚼，它们甚至不需要暂时地将食物存储在嘴里的脸颊处，而只需将食物一口吞下，然后让胃肠去消化。所以，蜥脚类恐龙的脑袋几乎就是一张大嘴。

长长的脖子上顶着这么个小脑袋确实很轻松，蜥脚类恐龙在摄取高大树木上的树叶时，可以不必移动笨重的身体，只需将长长的脖子上下左右转动，就可以轻松地将看中的食物尽数送入口

①阿氏翼龙（翼龙）：身长10米，颈长3米

②梁龙（蜥脚类）：身长27米，颈长6米

中。一种理论认为，恐龙利用它们的长脖子可很方便地吃到高处的树叶，就像长颈鹿那样。另一种理论认为，恐龙利用它们的长脖子左右横扫，大面积地摄取食物，就像鹅吃草那样。无论恐龙采取的是哪种进食方式，毫无疑问的是，长脖子使得它们每移动一步都可以获得尽可能多的食物，对于如它们这样庞大的生物来说，这当然是非常合算的，可

为身体节省大量能量。

不过，如此一来，小小的脑袋能给大脑留下的空间就不多了。那这个缺陷会不会给梁龙等蜥脚类恐龙带来太大的劣势呢？韦德尔认为，如果蜥脚类恐龙需要更发达的大脑，是完全可以做到的——大脑容量再增加不到0.5千克就可以了，而这完全在它们的长脖子可以支撑的范围内。他说："梁龙的大脑容量

如此之小，哪怕它们的大脑增加到原来的2倍甚至3倍，对长脖子的影响也是可以忽略不计的。"

事实上，即使没有更大的大脑容量，蜥脚类恐龙也已经在地球上兴盛繁衍了1.5亿年，一直到6.5万年前恐龙大灭绝事件的发生。它们的成功表明，大脑发达与否对于它们来说并不重要。

然而，对于其他种类恐龙的脖子进化来说，咀嚼能力无疑是一个限制因素。咀嚼意味着在吞咽食物之时，需要下颚、牙齿和肌肉的一系列配合动作。动物的体形越大，食量也越大，对食物咀嚼能力的要求也越高。这也正是为什么三角恐龙和其他鸟臀目恐龙在它们短而强健的脖子上都拥有一个巨大脑袋的原因，它们继承了早期哺乳动物咀嚼食物的习性——体形不大的哺乳动物需要将食物细细咀嚼之后，才能被小小的肠胃系统消化吸收。一些哺乳动物也确实进化出了较长的脖子，但它们的遗传基因限制了它们脖子的长度，韦德尔将这种限制称为"体内的限制"。

有史以来最大的陆地哺乳动物是长颈古犀（长颈副巨犀），这种生活在渐新世的巨大的长颈犀形兽是犀牛已经灭绝的表亲，它们的脖子长度达到2～2.5米，与长颈鹿脖子长度相当。长颈鹿的脖子是目前活在地球上的哺乳动物中最长的。

蜥脚类恐龙四条短而粗壮的腿和巨大的躯干提供了稳固的平台，可支撑非常长的脖子

长脖子的第二个秘密：轻灵椎骨与庞大身躯的完美组合

蜥脚类食草恐龙是动物王国中脖子最长的动物，为什么它们拥有比其他任何生物都要长得多的脖子呢？研究人员发现的第二个秘密是：它们脖子的骨骼是中空的。长颈长尾的蜥脚类恐龙是有史以来行走在地球上的最大的动物，它们的脖子可达15米，是当前世界长脖子动物纪录保持者长颈鹿的6倍，是有史以来生活在陆地上的任何其他动物的至少5倍。

哺乳动物的脖子长度之所以受到限制，除了要支撑沉重的脑袋之外，还有另外一个原因。几乎所有的哺乳动物都只有7块颈椎，而蜥脚类恐龙则没有这种约束。像大多数最原始的恐龙祖先一样，蜥脚类恐龙拥有更多的颈椎，一般为12～17块，最多可达19块。相比之下，除了少数例外，如哺乳动物中的树懒和水生哺乳动物中的海牛，几乎所有的哺乳动物，从老鼠到鲸鱼到长颈鹿，它们的颈部椎骨都不会超过7块。正因如此，它们的脖子长度受到了限制。

泰勒和他的同事们在研究中发现，蜥脚类恐龙长脖子的秘密隐藏在它们的骨骼中，它们的颈部骨骼拥有一些能够支持长脖子的特质，大自然的设计赋予它们的脖子以精妙的结构：同哺乳动物只在颅骨中才有气囊不同，蜥脚类恐龙的颈椎骨的大部分都是中空的，里面充满气囊和骨质，外面则是一层薄如蛋壳的坚固外壁，由此成为支撑超长脖子的理想"支架"。

据泰勒估计，拥有15米超长脖子的超龙的身体总重量为6吨，这样的负重需要一个庞大稳固的躯干来保持平衡，而蜥脚类恐龙巨大的躯干和四条短而粗壮的腿提供了一个稳固的平台（虽然恐龙祖先是以两腿行走的，但蜥脚类恐龙通常却是四脚着地行走的）。相比之下，长颈鹿的躯干相对较小，而鸵鸟则是两足行走，它们不拥有恐龙的这些优势，因而也无法超越颈长极限。

可以想象一下，如果让一只1.6吨重的长颈鹿顶上一个6吨重的脖子，那它还不得立马摔趴下了。对于两足行走的恐龙来说，保持身体平衡更是一个大问题。这也正解释了为什么两足行走的兽脚亚目食肉恐龙中，脖子最长的三种食草恐龙异类，它们的脖子长度也无法超越2.5米极限的原因。

在恐龙时代，只有另一种爬行动物似乎超过了这一极限，那就是翼龙，它们的脖子长达3米，支撑它们长脖子的估计只有一块椎骨，但如鸟类般充满气囊的骨骼却能令它们在空中轻快地飞翔。如今鸟类中脖子最长的是鸵鸟，它们的身体只能支撑起1米长的细脖子。

长脖子的第三个秘密：独特的呼吸方式

泰勒和韦德尔发现的蜥脚类恐龙拥有长脖子的最后一个秘密是它们肺的呼吸方式。由于吸入新鲜空气的需要，气管的体积必须远远小于肺部的体积，由此限制了脖子的大小。在吸气时，鸟类通过内部气囊的膨胀吸入新鲜空气，然后通过气管将新鲜空气输送到它们相对较小的肺；在呼气时，鸟类通过肺和气管将二氧化碳呼出。由于鸟类的气囊大于肺，鸟类的每一次呼吸都比哺乳动物吸入更多的空气，因此它们的脖子相对较长。泰勒认为，相对于哺乳动物的肺，鸟类的肺更有效率。因此，我们有理由相信恐龙也拥有与鸟类相类似的肺，至少在蜥脚类恐龙早期起源时是如此。此外，恐龙的身躯要比鸟类庞大得多，吸入的新鲜空气可以畅通无阻地从巨大的脖子通过。

蜥脚类恐龙和其他恐龙的呼吸方式可能类似于鸟类：通过肺不断地吸收新鲜空气，而不必像哺乳动物那样需要呼出废气，再吸入新鲜空气。这种呼吸方式可能有助于蜥脚类恐龙将获得的氧气通过它们长长的脖子源源不断地输送到肺部。遗憾的是，由于至今没有发现蜥脚类恐龙的软组织化石，很难找到确凿的证据。

长颈优势带来的幸运：称霸地球1.5亿年

化石证据清楚地表明，不同种类恐龙脖子的大小形状都有很大的不同。没有任何两种恐龙拥有完全相同的脖子。对于恐龙来说，脖子似乎具有相当的可塑性，可以让它轻松自如地适应环境中的某些东西，如自然生态和植物分布等。长脖子的优势让恐龙在无需大幅度移动身体的情况下便能采摘到更大范围内的树叶，这帮助它们节省了能量。脖子越长，节能越多。古生物学家认为，正是庞大的身躯和长达几米的脖子的完

美组合，让蜥脚类恐龙能够成功称霸地球1亿多年。它们很早就出现在地球上，一直兴盛不衰，直到灭绝恐龙的大灾难降临时，才和所有其他的恐龙一起从地球上消失。

韦德尔说，如果不是一颗小行星的意外降临扼杀了所有的恐龙，很可能这些蜥脚类恐龙至今仍然生活在地球上，没有任何其他生物能够将它们取而代之。这或许反映了大自然的一个隐藏的规律：生物能够进化到什么程度，从一开始就已经注定。鸟类不可能进化到拥有蜥脚类恐龙那样庞大的身躯，也不可能拥有蜥脚类恐龙那样的长脖子，身为两足动物的先天条件限制了它们，无法向庞大身躯和超长脖子的方向发展进化。哺乳动物中长颈鹿的脖子不超过2.4米，是因为它们没有蜥脚类恐龙脖子那样的中空结构，它们为适合咀嚼需要进化出的结实牙齿、下巴以及强健的肌肉也是它们脖子进一步发展的障碍。

蜥脚类恐龙能够拥有庞大身躯与超长脖子组合，是大自然赐予的一种幸运，从而使得它们能够冲破所有其他陆地动物脖子长度的极限，这样的幸运在进化史上也是极为罕有的。

还有科学家认为，长脖子对异性更有吸引力，在这种驱动力的推动下，恐龙进化出了更长的脖子。但是，泰勒和他的同事们没有发现支持这一理论的证据。泰勒等科学家准备更进一步地探索蜥脚类恐龙的长脖子之谜。例如，雷龙拥有非常奇怪的颈椎，科学家怀疑它们的长脖子主要用于雄性之间的争斗——它们为争夺配偶而战。

深海中的长颈巨兽

　　虽然蛇颈龙远没有蜥脚类恐龙那样庞大的身躯，但由于它们生活在水环境中，海水的浮力可以支撑它们身体的一部分重量，所以它们也进化出了很长的脖子。例如，已发现的一种蛇颈龙化石，其身体总长为11.2米，而脖子的长度就占了7米（不包括缺失的头颅）。这种蛇颈龙的脖子有76块椎骨，古生物学家对于这些椎骨的作用一直以来都有争议，但如今他们已取得了共识：这是蛇颈龙的一种"偷袭机制"，在鱼群尚未觉察到有大型捕食动物接近的情况下，就已经成了它们伸出的长脖子的猎物。

（俞　静）

TANSUO KONGLONG MIEJUE ZHI MI

探索恐龙灭绝之谜

恐龙化石的发现，为我们揭示了一个爬行动物不可一世的时代，但同时也留下了一个难解之谜：一度统治地球的庞大恐龙族群是如何灭绝的？古生物学家为我们讲述了地球生命发展史上的那个迷人故事：恐龙时代的终结。

　　它们轰轰烈烈登上地球舞台，它们成为地球霸主长达约1.6亿年，最后它们悲剧性地从地球表面全体消失——恐龙化石的发现为我们揭示了一个爬行动物不可一世的时代，但同时也留下了一个难解之谜：一度统治地球的庞大恐龙族群是如何灭绝的？为了寻找这段扑朔迷离的历史真相，古生物学家进行了长达两个世纪的研究和探索。

　　他们找到最终答案了吗？——他们给出了多个假说（公开发表的就有100多种），其中不乏稀奇古怪之说。比较近期的一个假说是：在侏罗纪末期，随着冰川时代的来临，全球气温骤降，恐龙产的蛋要么是死蛋，要么孵出大量雌性。慢慢地，恐龙世界的雌雄比例严重失调，直至走向灭绝。这个假说被叫作"男女比例失调论"。

　　美国古生物学家乔治·波尔纳在他于2008年出版的著作《谁在咬恐龙？昆虫病菌和白垩纪之死》中提出一种新理论：恐龙事实上是被带有病菌的吸血昆虫给灭绝的。他说："我们并不是说传染病菌的吸血昆虫是造成恐龙灭绝的唯一原因，其他地质和气候灾难也可能扮演了一个角色。然而，它们都无法解释这样一个事实，那就是恐龙是在很长很长时间，甚至数百万年时间中逐渐灭绝的。只有昆虫和疾病才能给出合理的解释。"这个假说被叫作"蚊子绝杀恐龙论"。

　　此外，还有"中毒论"（从白垩纪开始，地球上的被子植物开始快速发展，其中不少植物含有毒素，恐龙因为吃错食物，体内的植物毒素积累过多，最后灭绝），"哺乳动物竞争论"（化

石研究证明，有吃小鹦鹉嘴龙的爬兽，有以恐龙蛋为食的小型啮齿类哺乳动物），"臭氧层破坏论"（大气臭氧层被恐龙放的屁里的甲烷破坏，恐龙被直接暴露在紫外线下，最终灭绝）。凡此种种，不一而足。

撇开这些稀奇古怪之说，下面本文作者将"正经八百"地介绍由古生物学家讲述的地球生命发展史上的那个最迷人的故事：恐龙时代的终结，以及他们提出的一些重要的恐龙灭绝假说。

——编者

玛丽·安宁发现的蛇颈龙化石

它们轰轰烈烈登上地球舞台，它们成为地球霸主长达约1.6亿年，最后它们悲剧性地从地球表面全体消失。恐龙的灭绝已成为地球历史上的最大谜团之一。古生物学家对恐龙时代留下的化石进行了长达两个世纪的研究和探索，以寻找这段扑朔迷离的历史真相。

居维叶推测地球上曾经有过一个"爬行动物时代"

人类研究化石的历史已有多个世纪，但直到18世纪法国自然科学家居维叶开始对化石研究感兴趣，化石对于地球历史研究的意义才充分为人们所理解。

1796年，居维叶对猛犸象和美洲乳齿象的化石遗骸进行了详细的描述，并与仍然生活在地球上的大象的骨骼和牙齿进行了比较。在研究中，他发现了一些属于不再存在于这个世界上的生物的

化石，它们是一些已灭绝动物的化石。他指出，这些化石证据表明，在我们人类出现之前，存在着另一种占领整个地球的生物，后来发生了某种巨大的灾难，导致了这种生物的彻底毁灭。

在接下来的几年里，居维叶形成了他的"灾变说"理论，用以解释地球上的这段历史。他对巴黎盆地的地质地貌进行研究后指出，它是由一层层的沉积层构成的，每一地质层里都有各个不同地质时期形成的动植物化石。他还注意到，在每一次灾难性事件（例如洪水灾难等）之后，原来的动植物群都会突然被另外的动植物群所取代。

居维叶对他新发现的各种奇怪爬行动物的化石（包括翼龙和沧龙）进行了详细的描述。这让他产生了一个大胆的推测：地球上曾存在着一个"爬行动物时代"，那时统治地球的是爬行动物，而不是如今的哺乳动物。

居维叶提出的新见解开创了化石勘探的新时代。在19世纪的前30年里，英国的一些收藏家和地质学家有了更多令人惊讶的新发现。英国多塞特郡莱姆里杰斯的玛丽·安宁先后发现了鱼龙、蛇颈龙和翼龙的化石。鱼龙是一种体形与海豚相像的巨大海洋爬行动物，蛇颈龙长有与海龟相像的鳍状肢和长长的脖子，也是当时生活在海洋里的爬行动物。

英国地质学家巴克兰对生活在陆地上的巨无霸食肉类恐龙斑龙的牙齿和骨骼进行了描述，这些化石是从牛津郡斯通斯菲尔德的采石场中发掘出来的。吉迪恩·曼特尔是英国苏塞克斯郡的一位全科医师，也是一位业余地质学家。他发现了一种巨大食草恐龙化石的牙齿，并在与居维叶商讨之后将这种恐龙命名为禽龙。

这些新发现的化石证据证明了居维叶的推测。在地球历史上曾经有一个被称为"中生代"的时期，这一时期的地球生物主要是生活在陆地上和海洋里的巨大爬行动物。

翼龙是中生代天空中的霸主

理查德·欧文杜撰了"恐龙"一词

这些令人惊讶的发现引起了科学界和普通人的极大兴趣。新发现的恐龙化石或被收藏家视若珍宝争相收集，或被捐赠给博物馆。

当时英国有一位名叫理查德·欧文的年轻医学家，他对居维叶的研究产生了很大的兴趣。19世纪30年代中期，欧文来到法国，对许多恐龙化石进行研究并提出了自己的观点。从1840年至1842年，欧文通过新成立的英国科学进步协会发表了他的详细的研究报告。

欧文的研究报告之所以出名，原因之一是他在报告中首次杜撰了"恐龙"这一术语。凭借着他条理明晰的论据，以及在解剖学上的不凡见解，欧文对居维叶的直觉推测大为认同。他认为，在地球历史上的"中生代"时期，地球上生活着大量如今已经灭绝的庞然大物恐龙，那是一个爬行动物走向巅峰的辉煌时代，地球的海陆空都被大量巨大的爬行动物所占领——如今由巨鲸和海豚占领的海洋生态圈，那时是庞大海洋爬行动物的天下；翼龙占据了天空；各种食草和食肉恐龙则是陆地上的霸主。

巨大的恐龙是如何灭绝的？19世纪上半叶，居维叶和他的"灾变论"占据了主导地位，到19世纪下半叶，地质学家查尔斯·莱伊尔提出的"地质均变说"和达尔文提出的"自然选择"理论成为当时的流行理论。

恐龙灭绝之谜的多种理论

20世纪，随着大量化石的发现，以及利用岩石样本检测年代方法的改进，人们的眼界更为宽广。更多的数据证明，居维叶的"灾变说"所推测的景象是历史上曾真实发生过的。对令地球生命突然中断的物种大灭绝事件，人们作出了各种各样的解释，包括《圣经》上的灭绝事件是天命注定的观点。

在当时人们对达尔文理论存有争议的氛围下，古生物学家开始更为公开地对大规模灭绝事件的原因进行推测，一些人以一系列非达尔文主义的模式来解释灭绝事件。

物种老化是其中之一。该观点认为，生命发展是以阶梯式持续上升的，新出现的物种总是优于之前的物种。例如，恐龙代表了中生代的爬行动物生命形式，而更年轻的岩石证据显示，它们被代表更"高级"生命形式的哺乳动物所代替。对恐龙骨骼结构越来越"奇异"的解剖学发现也支持了这一观点，例如奇异的脊骨和奇异的角，以及牙齿的消失等，这些都表明恐龙作为一种物种日益老化，或者说日益"衰老"。匈牙利古生物学家诺普乔认为，这种异常变化是因脑下垂体功能退化而引起的。

20世纪20年代，美国研究脊椎动物的古生物学家威廉·狄勒·马修将恐龙灭绝归咎于环境变化。他提出，在白垩纪与第三纪之交（即K-T界线）这一时期，地球从有利于恐龙生存的多沼泽的湿润环境渐渐演变为有利于哺乳动物生存的日趋干燥的环境。这条边界线标志着大约6 500万年前，白垩纪时代的结束，中生代的开始。马修将这一变化与拉拉米造山运动联系在一起，跨越K-T界线的整个地质时期经历了剧烈的地质活动，山峰叠起，大陆抬升。

还有一些人追随马修的思路，将哺乳动物崛起、恐龙灭绝归咎于气候变化。这些理论认为，环境变化导致恐龙后代繁殖比例失调，导致了最后的灭绝命运。实际上，如今也有一些卵生爬行动物后代孵化的性别会受到气候变化的影响。如果气候变化影响真的如此大的话，当时剧烈的气候变化很可能导致所有孵化出来的恐龙都为同一性别，灭绝的命运也就无可避免了。

从20世纪60年代开始，美国生物学家凡瓦伦等建立的气候变化导致恐龙灭绝的科学模型引起了人们的极大关注。该模型表明，K-T时期，哺乳动物渐渐取代了恐龙，其间历时约700万年，这一变化是由世界范围内海平面下降引起气候恶化而导致的。

阿尔瓦雷茨父子提出小行星撞击理论

1977年，新的发现导致恐龙灭绝原因之争又有了一种新的理论。沃尔特·阿尔瓦雷茨和路易斯·阿尔瓦雷茨父子在意大利古比奥附近发现了一些岩石样本，他们在标志了K-T界线的黏土中发现了高含量的铱。由于陨石中的铱含量远高于地球地壳岩石中的铱含量，他们认为这些铱一定来自于天外陨石。

之前的一些研究曾提出，当时在我们太阳系附近曾发生过超新星爆发事件，但化石样本中缺乏这类事件的化学线索。最终阿尔瓦雷茨父子得出他们的结论，认为一颗体积很大的小行星撞击了地球，含有大量铱元素的陨石物质气化蒸发，导致出现黏土层中铱元素含量大大超过常规的现象。

到20世纪80年代，阿尔瓦雷茨父子和他们的同事提出了成熟的小行星撞击理论：当时，一颗直径约为10千米的小行星穿过地球大气层，撞击在地球地面上，释放出相当于数亿吨TNT当量的

能量，小行星气化蒸发时喷射出的大量物质形成遮天蔽地的尘云，导致产生了K-T生物大灭绝事件，地球上所有的恐龙在这次事件中死亡。但这一全新的假设遭到了来自古生物界的质疑。

随着时间的推移，世界各地发现了越来越多铱含量异常的地点，这一事实支持了阿尔瓦雷茨父子的理论。此外，小行星撞击造成的其他一些事实也支持了这一理论，例如，太空物质碎片流形成的厚厚的岩床，撞击点遗留下来的玻璃状硅微粒和石英微粒等，都是曾经发生过的高能量撞击事件留下的痕迹。更具有说服力的是，将陨星喷射物质厚度和密度相对都高于其他地方的多处地点，以及最终落在中美洲的陨星撞击点连成一线，正好形成小行星进入地球的轨迹线。

1991年，墨西哥尤卡坦半岛发现的直径为180～200千米的希克苏鲁伯环形陨石坑，令阿尔瓦雷茨父子的小行星撞击理论的声望达到了巅峰。小行星撞击在大陆架上，累积于大陆架沉积层富含碳酸盐和硫酸盐的岩石层中的大量气候敏感气体被释放出来，产生了种种灾难

性后果：阳光被遮蔽，气候变冷，酸雨频降，等等。

虽然小行星撞击理论得到了越来越多的支持，但另一个恐龙灭绝理论也引起了人们的关注。这一理论的主要依据是导致形成西印度德干地盾的三次超级火山大爆发。德干地盾由多层凝固的玄武岩熔岩构成，在K-T边界一段较短的时期内，印度超级火山的多次爆发喷射出了大量火山物质。

万森·库尔提欧等人的火山爆发理论

对于德干地盾火山爆发与恐龙灭绝之间关系的推测是在20世纪70年代初期提出来的。1981年，万森·库尔提欧和格尔塔·凯勒等人建立了火山与恐龙灭绝的研究模型，并开始搜集相关数据。早期建立的模型主要集中于超级大火山爆发时产生的各种气体导致地球突然变冷与大规模物种灭绝之间的关系。

火山爆发理论与小行星撞击理论之间的主要争议在于：铱含量异常、微球粒结构的形成等究竟是地外小行星撞击的结果，还是地球火山爆发造成的结果呢？

根据获得的各种数据资料，小行星撞击理论似乎更为成熟一些，而火山理论对于撞击形成的一些地貌特征似乎未能得出合理的解释。库尔提欧和凯勒目前似乎也接受了小行星撞击的理论，但他们同时提出，火山爆发也是大规模灭绝事件的触发因素之一。

我们知道，K-T大灭绝事件导致地

剑龙以其高度特化的骨板与尾刺闻名

球生命的75%死亡，包括陆地上非飞行类的所有恐龙，包括鱼龙、蛇颈龙和沧龙在内的海洋中的许多爬行动物，以及会飞的爬行动物翼龙等。但同样有意思的是，另一些物种却幸存了下来，如会飞的恐龙（演变为如今的鸟类）、哺乳动物、蜥蜴、蛇类、龟类、鳄鱼，以及多种多样的鱼类等。

小行星撞击理论和火山理论都描述了迅速变化的环境对地球的全球性影响。无论出现的是哪一种情景，都有可能导致大量动植物生命灭绝。但是，根据现有的证据，小行星撞击导致恐龙灭绝的可能性更大一些。

MIEJUE DE WUZHONG NENG FUHUO MA?

灭绝的物种能复活吗?

　　曾经生活在地球远古时代的许多物种都已经从地球上消失了，但它们并没有被遗忘。科学家认为，随着生物技术的不断进步，以下一些已灭绝物种有可能"死而复生"，而它们的复生对我们人类来说将是幸事。

鳞木

[巨石松，lepidodendron（giant club moss）]

鳞木，也叫巨石松，是一种原始维管植物，乔木状，高可达30米，茎干直径可达1米，是石炭纪时代森林中的无可置辩的巨人。这种地球早期树木生长繁盛，生长和倒伏交替迅速，平均寿命只有10～15年。地球上蕴量丰富的煤炭储备要归功于石炭纪时代巨石松频繁的生死更替。

如果我们能够让鳞木这一物种复活，对地球能源资源将产生巨大的推动作用。这里不是说煤的产生，这毕竟要经过漫长地质年代的煤化作用才能形成，而是说将鳞木作为生物燃料。巨石松林可以建立在湿地和沼泽地区的边缘，不占用农业耕地。巨石松的生长和新旧更替都很快速，大约每十年即可砍伐收获一次。更重要的是，这种古代森林还能帮助封存大量的碳，减少大气中的二氧化碳含量，增加氧气含量，复活的巨型蜻蜓一定会喜欢上它！

美国栗树

（american chestnut tree）

一个世纪前，美国东部25%的林地上都耸立着高大的美国栗树，从缅因州到密西西比州，生长着多达3亿棵的栗树，这些栗树高达45米，树围达3米。然而，1904年，一个意外事件毁了这些栗树——由空气传播的一场外来板栗枯萎病最先在纽约的布朗克斯动物园的树木中被发现，接着迅速传播开来，在短短十年间，美国的栗树几乎全体灭绝。

但美国栗树并非真正意义上的"灭绝"，不到100棵的成熟树木仍生存在先前的环境范围内，19世纪的开拓者和定居者在北美西部地区种植的栗树仍然在茁壮成长，没有受到栗树疫病的感染。科学家正致力于研究如何提高美国栗树的免疫力，以使这种植物重新生长在美国的大部分地方。

邓氏鱼
（dunkleosteus）

380万年前，原始脊椎动物的祖先第一次试探性地来到陆地上。是什么原因迫使这些早期原生两栖类动物离开地球原始海洋温暖的生存环境，冒险登上陆地呢？邓氏鱼也许是迫使它们离开原先家园的原因。邓氏鱼长达10米，重约三吨半，拥有有史以来所有动物中最强大的咬合力，成为当时的"超级掠食动物"，在20亿年的时间里，邓氏鱼一直称霸海洋。

随着时间的推移，邓氏鱼的时代结束了，邓氏鱼不再是海洋里最为恐怖的强者。不过，今天或许到了让邓氏鱼复苏的时候了。如果能够让海洋中的巨无霸邓氏鱼"死而复生"，结果会怎么样呢？

无齿海牛
（steller's sea cow）

无齿海牛也叫斯特拉大海牛，于1741年被发现和命名，灭绝于1768年。我们人类只用了短短27年，就灭绝了一个经历无数个千年才进化发展起来的物种，这是多么可悲的事实！

无齿海牛没有通常的齿系，只有平平的齿骨，性情十分温良，一点也不害怕人类，儒艮和海牛都是其近亲。但这种性情温良的生物的体形却十分巨大，

成年无齿海牛长度可达9米,重达10吨。如果生物学可以找到某种方式让其作为一个物种重新复活的话,那实在是件令人高兴的事。

巨脉蜻蜓
（meganeura）

300万年前的石炭纪时期的地球,一派郁郁葱葱,那时的空气成分也与现在不同,气候温暖,氧的含量较高。特别是后一个原因,适合几种巨型昆虫物种的生存和发展,包括巨脉蜻蜓在内。化石标本显示,这种巨脉蜻蜓的翼展超过75厘米,据估计,它们的食物甚至还包括较小的两栖动物。

如今大气中没有足够的氧气提供给巨脉蜻蜓生存,在今天的空气中,它们很快就会窒息。至于让巨脉蜻蜓复活的理由却很充足。让我们想一想,今天的蜻蜓是蚊子的大克星。再考虑到蚊子传播的疾病,以及这些疾病传播给人类造成的伤害，如果巨脉蜻蜓得以复活，对于给人类造成危害的蚊子而言，这就是灭顶之灾。

欧洲野牛
（aurochs）

人类饲养的牛为我们的餐桌提供了牛肉，但我们要为此付出什么样的代价呢？抗生素和生长激素的滥用正在污染着我们的地下水供应，而肉牛的标准化饲养可能会导致菜牛基因库的衰竭，更容易产生疯牛病及其他新的疾病。一个可行的办法是回归自然，将欧洲野牛重新引入到生态系统中来。

欧洲野牛是今天的家养牛的脾气暴躁的祖先，是欧亚冰河时代的大型动物，一直到中世纪后期，它们还生活在欧洲中部的偏远地区。欧洲野牛还是许多旧石器时代壮观洞穴壁画上的"明星"形象。最后的纯种野牛于1627年死于波兰。

由于野牛是如今其活着后裔的祖先物种，应该有可能通过"逆向育种"的办法，最终产生非常接近古代野牛的物种。事实上，20世纪20年代，德国动物园管理员黑恩兹和鲁特兹·海克两兄弟已

经开始了这样的尝试，他们希望通过一个育种项目，利用驯养牛的后代复活欧洲野牛。如今世界上已经有了约2 000头"海克牛"，生物学家正在继续努力，希望培育出与欧洲野牛体形相近的牛。

剑齿虎
（剑齿猫，saber-toothed cat）

剑齿虎生存于距今2.5万～1万年前，在其鼎盛时期，它们是继雷克斯暴龙之后在北美和南美最致命的掠食动物。剑齿虎家族最可怕的成员是波普雷特剑齿虎，在拉丁语中的意思为"征服者剑齿虎"。剑齿虎身高1.22米，重达半吨左右。

在我们有生之年将见证野生狮子老虎数量的急剧下降甚至灭绝，难道我们

不应该尽最大努力保护好这些濒危物种吗？当然应该！濒危的狮子老虎那剩下不多的种群数量仍在继续萎缩之中。如果能让剑齿虎复活，将成为地球上最雄伟猫科动物的最后绝唱。

澳大利亚袋狼
（塔斯马尼亚虎，tasmanian tiger）

1936年9月，澳大利亚最后一只袋狼（也叫塔斯马尼亚虎）在动物园死去。近年来，有许多目击报告称发现野生袋狼，但更确凿翔实的证据，如皮毛或足迹之类的尚未有发现。世界上一些博物馆里保存有许多袋狼的残骸遗迹，包括动物标本和保存在甲醛溶液中的幼崽尸体。确认可进行繁殖的袋狼DNA的研究正在进行之中，完整的塔斯马尼亚虎基因组测序也将在不久的未来得以完成。

尼安德特人
（neanderthal man）

2009年，完整的尼安德特人的基因组测序成功，随后的分析表明，非洲以外现代人类基因的1%～4%源自于尼安德特人。作为一个独特的物种，尼安德特人已经灭绝，但是他或她仍然活在我们中间，要想寻找"洞穴人"，不妨尝试在镜子里看看自己的模样，看有没有相似之处。

就人类而言，"逆向育种"不是一个现实的选择，复活穴居人的希望在于DNA。最后一个真正的尼安德特人行走在地球的时间在2.5万～3万年前。能否利用DNA技术复活尼安德特人，将取决于未来先进的基因测序技术能否充分修复尼安德特人的DNA，然后下一步就是寻找愿意生育小尼安德特人的代孕妈妈。

（林 声）